這是一部
無比神奇的作品
除了成功與致富故事
還要告訴您，如何
創造自己的人生

羊皮卷成功經典傳奇

畅銷書第一品牌！全球熱賣兩千萬冊以上！

世界最偉大的推銷員

奧格·曼丁諾 著　　何睿平 譯

每個人都是自己成功人生的推銷員

譯序

我們很高興向親愛的朋友，獻上這部奇特的成功致富勵志作品。這本書在故事情節、篇章結構、語言文字及思想內容方面都是十分奇特，引人入勝，從而給人深刻的印象，啟發人的智慧，開拓人的潛力，改變人的生活，幫助人取得成功。

奧格．曼丁諾簡介

奧格．曼丁諾在為《人人都能成功》所寫的《前言》中說——

多年前，由於我自己的愚昧無知和重重錯誤，我失去了一切寶貴的東西——我的家庭、我的房子和我的工作，幾乎變得赤貧如洗，成了盲人瞎馬。我開始到處流浪，尋找能使我賴以度日的種種答案。

我在一些公共圖書館裡花費了大量時間，因為那兒十分自由，並且相當暖和。我閱讀了從柏拉圖到皮爾等許多人的書籍，想從中尋找一種啟示：一種能解釋我在何處走錯了路，以及我該如何度過我的餘生的啟示。

終於，我在希爾和斯通合著的《人人都能成功》一書中，找到了我所需要的答案。我已經應用了這本經典性著作中所提出的簡明的原則和方法，長達十五年之久，而這些原則和方法賜給我的財富和幸福，已遠遠超過了我所應得的任何東西。我終於從一個一文不名、毫無根底的流浪漢，成為兩個公司的經理和世界上同類雜誌中最好的一種——《無限成功》的總編。

另外，我還寫了六本書，其中一本叫做《世界最偉大的推銷員》，一直是推銷員所必備的最好的工具書，已被譯成了十四種文字，發行了三百多萬冊。

奧格・曼丁諾已著了十二本書，這些書已發行了一千八百多萬冊，原著被譯成了十七種文字；因此，他在勵志成功致富自助書籍方面，在世界上擁有最廣泛的讀者。世界各地的千千萬萬的無數讀者，致函認為由於奧格・曼丁諾的書，使他們在生活中創造了奇蹟！

奧格・曼丁諾不僅是著名的作家、企業家、雜誌主編，又是美國著名的演說家，以及國際傑出演說家協會的會員。他的社會活動是多方面的，他本人也就是當代成功者的典範之一。

本書故事梗概

本書是描寫公元前後近百年，所發生在西亞耶路撒冷、大馬士革一帶偉大的推銷員成功的故事，間接和直接地闡揚推銷員以及一般人生活、工作的成功原則。

但是，本書並不是按故事發生的自然順序平鋪直敘的，而是提出故事中幾個特殊的場面，進行詳盡的特寫。有些情節是借助人物的回憶和語言而敘述的。因此，讀完全書之後，才能了悟故事的梗概。

這裡，為了閱讀方便、易於了解起見，簡略地敘寫故事的梗概——

在公元前數十年，青年帕斯羅斯在西亞耶路撒冷、大馬士革一帶，給一個商隊當照顧牲畜的駱駝童。有一天，當一位從東方來的旅客受到兩個土匪的攻擊時，帕斯羅斯救了這位旅客，於是這位旅客就把帕斯羅斯帶回家去，並將他視為自己家中的一位成員。

帕斯羅斯熟悉了新生活以後，他的朋友——那位旅客——就每天給他講解一個木箱內，用羊皮紙寫的十個成功羊皮卷；這十個羊皮卷都編有號碼。第一號成功羊皮卷包含一個學習的祕訣，其餘的羊皮卷包含著一般事業上成功的祕訣和原則。

在第二年中，他天天教帕斯羅斯這些成功羊皮卷，最後把這個木箱連同十個成功羊皮卷、五十塊金子和一封信贈給帕斯羅斯，那封信命令帕斯羅斯要把獲得的財富，分一半給不幸的人，並要將成功羊皮卷的事保密，直到發現一位有為的青年時，就把木箱連同羊皮卷、金子傳給他，並對他作同樣的要求，等傳到第三人以後，便可將羊皮卷公諸於世……

之後，帕斯羅斯於是告別了這個家庭，按成功羊皮卷的教導，奮鬥了幾十年，終於成為國際商業企業家，偉大的推銷員。

一天，帕斯羅斯的老友夫婦染瘟疫逝世，留下一個孤兒赫菲德，帕斯羅斯就把這孩子收為義子，讓他當一名地位低下、照管牲口的駱駝童，開始接受艱苦生活的磨練和考驗。

後來，青年赫菲德向帕斯羅斯提出要當推銷員的請求，帕斯羅斯很高興，不過要先考驗他的才能，於是給他一件紅色長袍，要他騎一頭騾子到伯利恆（Bethehem）去推銷。赫菲德努力推銷長袍三天都失敗了，他決心第四天一大早要再上市場推銷。

他在第三天夜裡離開了旅館，準備到地窖裡同他的騾子和紅色長袍一道過夜。他遠遠見到地窖裡有燈光，他以為有竊賊，便提高警覺，準備進地窖搶救貨物。沒想到進窖一看，發現一支小蠟燭插在石縫裡，牆角蜷縮著一男一女，馬槽裡躺著一個新生嬰兒，蓋得很少。赫菲德對他們十分同情，就把嬰兒身上蓋的兩件斗篷還給那對夫婦，而把自己的紅色長袍給嬰兒包住。這嬰兒就是耶穌。

於是嬰兒的母親吻謝赫菲德，赫菲德就騎著騾子回到大本營。此時帕斯羅斯還在帳篷外觀看一顆特別明亮的星，見到赫菲德，要他進帳篷報告推銷情況，然後表示他做得很好，要他好好休息。第二天囑他暫時仍照顧駱駝，等回到帕爾邁拉城後再談。

在他們回城後第十二天，帕斯羅斯便請赫菲德到他的寢室，先對他作了一番語重

心長的教導，然後傳給他那個雪松木箱，連同十個成功羊皮卷及一百塊金子，要他立即動身前往大馬士革去創業。

同時，帕斯羅斯向赫菲德提出三個條件：必須發誓遵循第一號成功羊皮卷的教導，並不斷地把收益的一半分給不幸的人；不准把羊皮卷的內容分享給任何人；以後發現了不利己而尋求成功的青年，就把木箱連同所裝的東西傳給他，但他可把羊皮卷中的信息分享給世人。

於是，赫菲德就動身到了大馬士革，之後他拿出成功羊皮卷，開始閱讀起來。接著便是引述這十個成功羊皮卷的原文。

赫菲德大約在二十歲左右開始創業，他的商業王國迅速發展，幾乎達到沒有邊界的程度，擴展到許多國家，從伊朗北部的古波斯國帕提亞到羅馬，到現今的英國，他到處被稱為世界最偉大的推銷員。他長達二十六年的令人鼓舞的經歷傳遍文明世界，特別在巴勒斯坦地區，被人以歌和詩的文學形式稱譽為不顧重重困難和障礙，取得偉大成就的榜樣。

在這期間，他和麗莎結了婚。在他四十六歲時，麗莎不幸病故，他便把財產分給別人，自己只保留必要的生活費、一座大廈及一個空倉庫。

三年後，有一天來了一位跛腳的青年，揹著一個布包，求見赫菲德。他說他曾參與迫害耶穌，現已轉變為耶穌信徒。他費了千辛萬苦才找到耶穌的遺物——一件紅色長袍。當他將紅袍從布包取出，使得赫菲德大驚失色。赫菲德細看紅袍，發現了兩個標記，他認為這還不足以證明這件紅袍就是他在山洞裡給嬰兒蓋上的那一件，便要那青年——保羅詳述耶穌誕生的情況。保羅說耶穌誕生在伯利恆的馬槽裡。於是，他們兩人相擁而泣。赫菲德便將那木箱連同成功羊皮卷和一些金子傳給了保羅，了結了他的一個宿願。

赫菲德自從妻子麗莎逝世與商業王國解散之後，便過著隱居生活長達十四年之久。到六十歲時，他意識到世人為他作了許多事情，而且他認為李維、台比留等人，在七、八十歲時也都還在工作，因此決心重新振作，以報答世人……

如何掌握本書的特點

本書透過一個傳奇性的故事，從故事本身提出了一些「做人、做事」的重要觀點和原則，又間接地提出了十個成功原則。這些不僅對推銷員，而且對一般人都有很大的指導意義；因為就廣義的推銷說來，每個人都是自己的推銷員。

本書之所以採用傳奇性的故事，無非是為了烘托這些原則的重要性，引起讀書的興趣和重視，增強這些原則的效果。

喜愛閱讀的朋友們，或許不致過於要求故事情節的真實性、合理性和一致性，不會計較這幾方面的不完善，而能把主要注意力集中到學習合理、有用、正確的原則。這樣，我想每個讀友就會無疑地收到意想不到的實效。

透過本書的學習，您一定會增強成功的信心和把握！

十位名人對本書的崇高評價！

1

《世界最偉大的推銷員》是我所讀過的最富有鼓舞性、提高（素質）性和激勵性的書籍之一。我十分了解為什麼它會受到如此熱烈的歡迎。

——諾曼・文森特・皮爾

2

我們終於達到目的了！我們有了一本論述銷售和銷售術的書，它能同樣為老手和新手閱讀和享用！我剛剛第二次閱讀完了《世界最偉大的推銷員》一書。它確是非常優良的一本讀物。我敢極其真誠地說：就講授銷售專業說來，它是本可讀性最大、建設性最強和用途最廣的工具書。

——美國帕克・戴維斯銷售訓練公司經理　F・W・厄里果

3

我幾乎已經讀過了每一冊論銷售術的書，但是我想奧格・曼丁諾已經把所有這些書的精華都集中到他的《世界最偉大的推銷員》一書中了，沒有一個人遵循這些原則會成為一位失敗的推銷員，也沒有一個人不用這些原則會成為一位真正的偉人；但是，本書作者不僅提供了這些寶貴的原則，而且他還把這些原則，組織成了——我所曾經讀過的最使人神魂顛倒的故事。

——成功激勵學院院長　保羅・丁・邁耶

4

每一位銷售員都應當閱讀《世界最偉大的推銷員》這本書。它是一本適合放在枕邊或者放在任何桌上的書——它是在需要時要隨時查證的書，或者時常翻閱的書，欣賞各小段激勵部分的書。它是一本適宜作短期和長期閱讀的書，一本要再三見到的書，就像要再三見到的朋友一樣，是一本關於道德、精神和倫理指南的書，是一個靠得住的安慰與鼓舞的泉源。

——戴爾・卡內基學院前院長　萊斯特・J・布拉德省

5

《世界最偉大的推銷員》完全感動了我。無疑的，它是我曾經讀過的最偉大、最動人的故事。它實在太好了！有兩件必須要做的事——

一、你絕不能把它放下，直到你讀完它為止。

二、每個出售商品的人，以及包括我們大家在內，都必須閱讀它。

——美國肯塔基州人壽保險公司總經理　羅伯特・乃・亨斯萊

6

奧格・曼丁諾：能激勵你注意他巧妙敘述故事的魅力。

《世界最偉大的推銷員》一書，的確具有吸引數以百萬計的人的動人魅力。

——動人魅力學院　執行院長羅伊・加因

7

只有很少的人才能具有寫作才能，而奧格・曼丁諾就是少數的幸運兒之一。

《世界最偉大的推銷員》所包含的思想，象徵銷售對於整個世界的存在的重要性。

——波克兄弟公司　總經理　索爾・波克

8

我剛剛讀完了在閱讀的時候，不能被打斷的讀物《世界最偉大的推銷員》。

它的情節是新奇的、有創意的；它的風格是有趣而令人神魂顛倒的；它的啟示是非常動人而且無比鼓舞人心的。

我們每一個人都是一個推銷員，不管他的職業和專長是什麼。尤其是，他首先必須成功的將他出售給自己，才能找到個人的幸福和寧靜的心情。

你如果能仔細地閱讀、吸收和注意這本神奇的書，它就能幫助我們每一個人成為自己人生——最佳的推銷員。

——芝加哥紹勞姆大教堂教士　路易斯・賓斯托克博士

9

我喜愛這個故事。我喜愛這個風格。我喜愛這本書。每一位推銷員及其家庭成員都應當閱讀這本書。

——美國聯合保險公司　總經理　克萊門特・斯通

10

據我看來，由奧格・曼丁諾所著的《世界最偉大的推銷員》將成為一部經典著作。我在這些年中出版了數以百計的書籍，但是奧格・曼丁諾的強而有力的啟示，在我心靈的最深處找到了存在的處所。我以本書的出版者而深感自豪！

——出版家　弗雷德里克・V・費爾

譯　序／007
十位名人對本書的崇高評價！／015

第一部

第一章　每年拿一半利潤分給他人／031
●赫菲德囑咐會計把財產分給他人
第二章　「成功原則」具有凝聚一切財富的力量／039
●赫菲德帶會計登上塔樓，談論成功羊皮卷
第三章　真正的財富是心中的財富／049
●青年赫菲德要求帕斯羅斯讓他當推銷員
第四章　仁愛有強大的力量／061
●青年赫菲德用長袍包住馬槽裡的嬰兒，空手回到商隊。
第五章　行善奠定成功的基礎／067
●赫菲德向帕斯羅斯報告推銷長袍經過
帕斯羅斯說：「你沒有失敗。」

《世界最偉大的推銷員》第一部

第 I 章

每年拿一半利潤分給他人

赫菲德囑咐會計把財產分給他人

赫菲德在一面古銅鏡的前面徘徊，端詳著那明亮的金屬所反映出的自己的影像。「只有一雙眼睛還保留著它們的青春。」他一面喃喃自語，一面轉身走開，慢慢地走過寬敞的大理石地面，在支撐著天花板的金銀交輝的黑色的瑪瑙柱子中間走著，他拖著老態龍鍾的雙腿，走過用檜柏和象牙雕成的幾張桌子。

臥榻和長沙發上的龜殼閃閃發光，鑲嵌著寶石的牆上因飾有經過精心設計的錦緞，而微微發光。一些巨大的棕櫚樹寧靜地生長在銅缽子裡，圍著雪白的女神所構成的噴泉；而花壇四周鑲飾著寶石，花壇同花競相吸引人們的注意。每一位參觀赫菲德大廈的人都會說——他實在是一位富豪。

這位老人穿過花園，進入他的倉庫，這個倉庫離他的大廈足足有五百步遠，他的會計主任伊萊斯穆斯正在倉庫入口的通道上，猶豫地等著他。

「閣下，您好！」

赫菲德點點頭，繼續默默地前進。伊萊斯穆斯跟在後面，臉上一副不解的表情。赫菲德走到裝貨平台的附近停下來，注視著人們把貨物從運貨車上搬走，送到分散的貨攤。

這兒有來自小亞細亞的毛織品、漂亮的亞麻布、羊皮紙、蜂蜜、地毯和油類；來自他本國的玻璃、無花果、胡桃和香膏；來自帕爾邁拉島的紡織品和藥品；來自阿拉伯的生薑、桂皮和寶石；來自埃及的穀類、紙張、花崗石、雪花石膏和玄武岩；來自巴比倫的花毯；來自羅馬的繪畫；和來自希臘的塑像。空氣中飄逸著濃郁的香膏氣味，赫菲德敏感的鼻子嗅出了這兒還有葡萄乾、蘋果、乾酪和生薑。

赫菲德終於轉向了伊萊斯穆斯，問道：

「老朋友，我們的倉庫現在積存了多少財貨？」

伊萊斯穆斯不太理解的說：「閣下，所有的東西都要算嗎？」

「全部都要算。」

伊萊斯穆斯說：「最近我還沒有統計出具體數字，但是照我估計：這兒存貨的價值至少在七百萬金塔蘭（編按：塔蘭同 talentum，古代近東和希臘古羅馬所使用的貨幣單位）以上。」

赫菲德問道：「如果把我所有的庫存，和大百貨商店裡的一切商品都轉換成黃金，它們將會值多少金塔蘭呢？」

「閣下，我們本季的財產目錄還未編製完成，但是我可以估算出最低限度的數字，就是可以再加上三百萬金塔蘭。」

赫菲德點點頭：「不要再進貨了。請你立即制訂任何必要的計畫，以便出售凡是屬於我的一切東西，並把它們轉換成黃金。」

這位會計主任張口結舌，發不出聲音。他向後倒退了幾步，猶如遭到了嚴重打擊，當他好不容易能說話時，卻說得很費力。他說：

「閣下，我實在不明白您的意思。今年是我們獲利最大的一年。每一個大百貨商店都報告說銷售額比上一季增加許多。現在甚至羅馬軍隊也成了我們的顧客，因為您不是在兩個星期內，賣給耶路撒冷的地方財政官二百匹阿拉伯種馬嗎？請原諒我的魯莽，因為我難得對您的命令提出疑問，但是，我實在無法理解您的這個命令……」

赫菲德笑了，溫和地握住伊萊斯穆斯的手。

「我值得信賴的伙伴，你的記憶力向來極好，你記得多年前，當你最初被我雇用時，你從我這裡所接到的第一個命令嗎？」

伊萊斯穆斯一時皺眉蹙額，接著他的臉就顯得容光煥發，高興地說：

「您要我很高興地每年從我們的金庫中拿出一半利潤，分給窮人。」

「那時，難道你不認為我是一個愚蠢的商人嗎？」

「閣下，我的確擔心過。」

赫菲德點點頭，把他的雙臂伸向裝貨站台。

「現在你願意承認：你的擔心是沒有理由的嗎？」

「閣下，是的。」

「那麼，讓我請求你對這個決定保持著信心，直到我向你解釋清楚我的計畫。現在，我已經老了，我的必需品是很簡單的了。自從我所親愛的麗莎，在和我度過多年的幸福生活後，從我身邊被病魔強行奪走以來，我就希望能把我的全部財產分送給本城的窮人。我將只保留有限的財產，足供度過餘生，而不致陷入困境，就行了！

「我希望你除了製定我們的財產目錄以外，還要準備好必要的文件，以便把每一個大百貨商店的所有權，移交給現在為我管理每個大百貨商店的經理人。我也希望你發給這些經理每人五千金塔蘭，作為對他們多年來忠誠的報酬，以便他們能用自己所喜歡的任何方式重新進貨，充實他們的貨架。」

伊萊斯穆斯正要開口說話，但是赫菲德舉起手，要他不作聲。

「這個任務對你說來似乎是令人不愉快的嗎？」

這位會計搖搖頭，勉強露出笑容。

「不，閣下，我並不覺得您的這個任務令人不愉快，我只是覺得我不能理解您的理由。可是您說，您的日子屈指可數這話……」

「伊萊斯穆斯，你應當為你擔心，而不要為我擔心。當我們的商業王國要解散的時候，難道你竟然不曾為你自己的前途考慮過嗎？」

老會計忠心耿耿地說：「我們在一起合作已經很多年了。現在我怎麼能只為我自己考慮呢？」

赫菲德擁抱著他的老朋友，答道：

「這是不必要的。我要求你立即撥付五萬金塔蘭屬於你的名下，我要求你仍然和我在一起，直到我很久以前所作的諾言履行了為止。當那個諾言實現了時，我將願意饋贈這座大廈和倉庫給你，因為那時我也快要同麗莎重聚了。」

老會計凝視著他的老闆，顯得不能理解他的老闆剛才所說的話。

「五萬金塔蘭，這座大廈和這所倉庫，可是，閣下……我並不值得受到這些饋贈啊……」

赫菲德點點頭：

「我一向總是把你的友誼當作我的最大資產。現在我贈予你的東西，比起你對我的忠誠，實在是微不足道！你已經精通了人生的藝術，這不僅是為了你自己，而且也是為了別人，這表明最重要的是——你是出類拔萃的傑出人物。現在我要你趕緊完成我的計畫。時間是我所擁有的最寶貴的財產，我生命的時間沙漏已經快漏完了！」

伊萊斯穆斯轉過他的頭，擦去他的眼淚。

當他提出問話時，他的聲音哽塞了：

「那……您還有什麼樣的諾言要信守呢？雖然我們像兄弟一般過了這麼久，我卻從來未聽您談過這樣的事啊！」

赫菲德交叉著雙臂，笑了笑，說道：

「當你執行完我給你的命令後，我再告訴你。那時我將洩露一個祕密，除了我敬愛麗莎以外，我沒有同任何人分享過這個祕密，這已有三十多年了！」

第2章

「成功原則」具有凝聚一切財富的力量

赫菲德帶會計登上塔樓，談論成功羊皮卷

於是，就這樣——一輛警衛森嚴的有篷布馬車，很快地從大馬士革出發了，它裝著所有權的證書和黃金，準備送給管理赫菲德每一個大百貨商店的經理。從吉帕的奧畢德城到皮特拉的盧艾爾城，有十個經理都收到了赫菲德退休的消息和禮物，他們都驚訝得目瞪口呆，說不出話來。最後，這輛馬車停在了安梯帕特里斯城的大百貨商店門前，它的使命到此為止，終於完成了。

於是，最強大的商業王國便不復存在了。

伊萊斯穆斯的內心因悲傷而感到沉重，他差人送信給他的老闆：這個倉庫現在已經空無所有，那些大百貨商店已不再標著赫菲德的光榮標識。信差帶著老闆的口信回來，要求伊萊斯穆斯立即到列柱中庭的噴泉旁邊去會見他的老闆。

赫菲德仔細端詳他朋友的面貌，問道：

「事情都辦好了嗎？」

「都辦好了。」

「不要悲傷，親愛的朋友，請跟我來。」

當赫菲德領著伊萊斯穆斯向大理石的樓梯走去時，只有他們兩人便鞋的聲音，在這巨大的房間裡發出回響。赫菲德走近一個孤立的、放在檸檬木製的高高的架子上的寶石希臘瓶時，突然放慢腳步，他注視著陽光把原本白色的玻璃變成了紫色，他那蒼老的臉上現出了笑容。

當這兩位老朋友開始攀登通到大廈圓屋頂閣樓房間的樓梯時，伊萊斯穆斯注意到：經常出現在這個樓梯旁邊的武裝衛士，已不再站在那裡了！最後，他們走到了一個樓梯半台，停了下來稍微休息一下，因為兩個人都由於登樓費力，累得喘不過氣來，然後，他們繼續前進，走到第二個樓梯平台，赫菲德從他的腰帶上取下一把小鑰匙，打開沉重的橡木門，用身子抵著它，使它發出嘰嘰嘎嘎的響聲。

伊萊斯穆斯猶豫不前，他的老闆便向他招手，示意他走進去，於是他有些膽怯地走進那個房間，在過去卅多年中，沒有人曾經獲准進入那個房間過。

上面的角落射進一道充滿塵埃的灰色光線，伊萊斯穆斯抓住赫菲德的手臂，直到他的眼睛習慣於半明半暗的室內。赫菲德微微一笑，注視著伊萊斯穆斯，然後慢慢地轉入另一個房間，那個房間空蕩蕩的，只有被一束日光照亮了的一個小型雪松木箱，放在一個角落裡。

「伊萊斯穆斯，你看到這種蕭然的景況，難道不會感覺到失望嗎？」

「閣下，看到如此蕭條的房間，我真不知道說什麼好。」

「你看到這樣的家具和陳設，難道不會感到失望嗎？確實，這個房間的東西一向是許多人所好奇的。難道你對於我多年來，如此熱中於保衛著藏在這裡的東西的祕密，都不感到奇怪或者都不想親自過問嗎？」

伊來斯穆斯點點頭，說道：

「這種心情是實在有過的。在這許多年中，關於我們的老闆隱藏在這個塔樓上的東西，一直是眾說紛紜，謠言四起。」

「是的，我的朋友，我也聽到了大多數的談論和許多謠傳。有一個傳說是：這兒藏有若干桶鑽石和金錠，或者藏有珍禽異獸。曾經一位波斯地毯商人暗地裡說：也許我在這兒保持一個小小的後宮。麗莎曾嘲笑外人對我的這種一群妻妾的猜想。但是，就如你所能看到的一樣，這兒除去一個小木箱之外，什麼也沒有。現在，你到前面來吧！」

這兩個人蹲伏在小箱子旁邊，赫菲德仔細地著手解開包綑著木箱的皮帶。他深深地嗅著雪松的芳香，然後他推推箱蓋，箱蓋就輕輕地跳開了。伊萊斯穆斯向前傾斜，越過赫菲德的肩膀，凝視著這個木箱裡的東西。他看著赫菲德，困惑地搖著頭。木箱裡除去羊皮卷——在羊皮紙上的成功羊皮卷之外，什麼也沒有。

赫菲德從箱中，輕輕地拿起一個羊皮卷。他把這個羊皮卷緊緊抱在胸前，閉上他的眼睛。他的面部出現一種肅穆之情，遮蓋住了年老的皺紋；最後他站了起來，指著這個小木箱，說道：

「即使這個房間裝滿了鑽石，它的價值，也不會超過你現在所看到的這個簡陋木箱中的東西。我已經享受到的一切成功、幸福、愛、寧靜的心靈和財富，都可以直接追溯到這十個成功羊皮卷中所含的東西。我欠它的和欠那位把它們委託給我照管的賢明智者許多恩情，我是絕對無法償還這種恩情的。」

伊萊斯穆斯對赫菲德的話中的語氣，感到大為驚訝！

伊萊斯穆斯倒退了幾步，問道：

「這……這就是您閣下所提到的祕密嗎？這個木箱與您要信守的諾言，到底有什麼關聯嗎？」

「對於你的兩個問題的答案，都是肯定的。」

伊萊斯穆斯用他的手擦擦額頭上的汗，望著赫菲德，顯出一副不相信的樣子。

「在這些羊皮卷上寫的是什麼？它的價值竟然真的能超過鑽石嗎？」

「這十個成功羊皮卷，除去一個包含一條成功原則，或者一個規律，或者一個基本真理，都是用獨特的風格寫成的，以便幫助讀者了解它的意義。一個人要成為精通銷售藝術的人，就必須學會和實踐每個羊皮卷的祕密。當一個人掌握了這些原則之際，他就會具有凝聚他所願望的一切財富的力量。」

伊萊斯穆斯驚慌地注視著這些舊羊皮卷。

「甚至能像您這樣富裕嗎？」

「如果他喜歡的話，可以比我更富裕得多。」

「您已經說了所有這些羊皮卷除去一個，都包含有銷售原則。那麼，最後的一個羊皮卷上寫的又是什麼呢？」

「你所說的最後的羊皮卷，其實就是必須要讀的第一個羊皮卷，因為每一個羊皮卷都安排好要按編好的順序來讀。第一個羊皮卷實際上是教給人一種最有效的方法，用以學會在其他羊皮上所寫的原則。」

「這似乎是任何人都能勝任的任務。」

「是的，這是一件簡單的工作，只要他願意在時間和集中精力方面付出代價，就能將每條原則變成他個性的一部分、變成他的生活習慣。」

伊萊斯穆斯伸手到箱子裡，拿出一個羊皮卷。他輕輕地把羊皮卷拿在手中，面對著赫菲德把它搖一搖，說道：

「閣下，請原諒我，為什麼您不肯把這些原則分享給別人，特別是那些您所雇用的推銷貨物的人？在其他事物中，您總是表現得極為慷慨，為什麼那些為您出售貨物的人卻不能得到機會，閱讀這些富有智慧的話語，從而也變得更為富裕呢？至少，他們有了這種有價值的知識，就可以成為更好的推銷員。為什麼您要保持這些原則，獨自享用了這麼多年呢？」

「我沒有選擇的餘地。許多年前，我的老闆把這些羊皮卷委託給我保管時，要求我發誓答允，我只能把它們的內容分享給一個人，我也不明白這個奇怪的要求有什麼理由。然而，我的老闆命令我要把這些羊皮卷的原則，應用到我自己的生活中，直到

有一個人出現了，他比我年輕時，更加需要包含在這些羊皮卷中的幫助和指引。我的老闆還告訴我：透過某種跡象，我將會認識到我要轉交這些羊皮卷的人，即使很可能這個人並不知道他正在尋找這些羊皮卷。

「所以我一直在耐心地等待著；當我等待時，我就去做我被准許去做的事，應用這些原則。我有了這些原則的知識，我就成了許多人所說的世界最偉大的推銷員，正如同給我這些羊皮卷的那位老闆，被稱為他那個時代的最偉大的推銷員一樣。

「現在，伊萊斯穆斯，也許你會了解：為什麼我在這些年中的一些行動，對你說來似乎是特別的奇怪和無法理解的；然而，我的行動證明它們是成功的，我的行為和決定總是受這些羊皮卷的指引；因此，我們能賺得如此之多的金塔蘭，並不是因為我的智慧，我僅僅是履行羊皮卷上的原則而已！」

「閣下，您是否仍然相信：在經過這麼長久的時間之後，那個該從您手裡接受這些羊皮卷的人會出現嗎？」

「我相信。」

「我一直都相信……」

之後，．赫菲德輕輕地把那些羊皮卷放回到木箱裡，關好木箱。

接著，他跪在地上，和藹地說：

「伊萊斯穆斯，你願意和我在一起，一直等到那一天嗎？」

這位會計主任通過暗淡的光線，伸出自己的手，直到他們的手緊緊地握住。他再一次點頭，然後慢慢地退出這個房間，猶如從他的老闆接到了無言的命令。

赫菲德用皮帶又把木箱綑好，然後站起來，走上一個小型角塔。他通過角塔走到外面，走上圍繞著這個巨大圓屋頂的平台。

東風吹拂著這位老人的臉龐，隨之帶來遠處湖泊和沙漠的氣息。當他站在大馬士革萬家屋頂高高之上的地方時，他不覺會心地笑了；他的萬千思緒迅速地飛躍到以往的漫長歲月……

第3章

真正的財富是心中的財富

青年赫菲德要求帕斯羅斯讓他當推銷員

那是一個冷冽的冬天，橄欖山上的寒氣逼人。從耶路撒冷，越過基德隆山谷狹窄的裂口，從廟裡飄來煙霧、焚香的香氣混合著山上松柏科香樹的松節油的氣味。附近有一個開闊的山坡，它是通往貝斯派基村短短的下坡，坡上駐紮著帕爾邁拉島的偉大推銷員帕斯羅斯漂亮的商隊。時間已經很晚了，甚至這位偉大商人心愛的公馬也已經停止吃食飼料，站在低矮的淡黃綠色的灌木旁邊，抵著柔軟的月桂樹休息。

在一長排安靜的帳篷外面，有許多粗纖維繩，圍繞在四棵古老的油橄欖樹的周圍。形成了一個四方形的畜欄，欄裡關閉著一些疲憊不堪的駱駝和驢子，牠們擠成一團，互相利用對方的體溫取暖。營地裡除去兩個衛兵正在馬車附近巡邏以外，唯一的動態就是映繪在帕斯羅斯巨大帳篷的羊毛篷壁上，高大而搖動著的影子。

在帳篷裡，帕斯羅斯憤怒地來回踱著步，不時地停下來對著膽怯地跪在帳篷開口附近的少年皺眉蹙額，並且直搖著頭。最後，帕斯羅斯向金線織成的地毯蹲下他的身軀，向那少年招手，要他向前靠近一些。

「赫菲德，我一向把你當作我自己的孩子。但你今晚奇怪的要求，使我感到很為難和困惑。難道你對你目前的工作不滿意嗎？」

這個少年的眼光盯著地毯。「閣下，不是的。」

「也許我們不斷增大的商隊，已經使得你照料所有龐大的牲口的工作，太過吃力了吧？」

「閣下，不是的，我覺得工作一點也不重。」

「好，那麼——你就好好的把你剛剛所提的要求再說一遍吧！還有你提出了這個『不平常』要求的理由。」

「我的願望是成為你貨物的推銷員，而不是僅僅當一個駱駝童。我希望成為像赫大德、西蒙、卡萊伯等等那樣的人，他們都離開了我們的運貨馬車，帶著牲口，帶著您的沉重貨物，好不容易才得以徐徐而行；而他們回來時為您帶來了黃金，也為他們自己帶來了黃金。我希望能提高我卑微的人生地位。作為一個駱駝童，我算不了什麼；作為您的推銷員，我就有可能獲得財富和成功。」

「你怎麼知道這種情況的呢？」

「我常常聽到您說：沒有其他的商業或職業，比推銷員能提供更多的機會，使一個人從貧困提升到巨富。」

帕斯羅斯開始點頭，改變了看法，繼續問這位「年輕人」：

「你相信你有能力像赫大德和其他推銷員那樣辦事嗎？」

赫菲德目不轉睛地注視著這位老人，答道：

「有許多次，我無意中聽到卡萊伯向您抱怨不幸事故，這說明他的推銷不行；我聽到您提醒他許多次：如果他能專心致志於學習推銷的原理和規則，他就能在很短的期間，把您倉庫中的貨物賣光。如果您認為卡萊伯，那個被大家稱為蠢貨的人，能夠學會這些原則，那麼，我為什麼不能學會這種特殊的知識呢？」

「如果你能精通這些原則，那麼，你的人生目標將是什麼呢？」

赫菲德猶豫了一會，然後說：

「全國各地的人一再地誇您是一位偉大的推銷員。世人從來沒有見過像您一樣，由於精通推銷術而建立起來的這樣的商業王國。我的雄心壯志是想要成為比你更偉大的推銷員，全世界最偉大的商人，最富裕的人，最偉大的推銷員！」

帕斯羅斯向後仰著，端詳著這個青年黝黑的臉龐。他的衣服仍然散發出牲畜的氣味，但是，這位要年輕人在態度上並沒有表現絲毫的謙遜。

「如果你得到這種巨大的財富，之後必然會隨之而來的——擁有了可怕權力，到時你將做什麼呢？」

「我將照您所做的那樣做。我將供給我的家庭以世間最精美的商品，然後，我願意把其餘的財產，分享給那些需要幫助的人。」

帕斯羅斯搖搖頭。「我的孩子，財富不應當是你的人生目標。你的話說得雖然生動，但是那僅僅是話。真正的財富是心中的財富，不是錢袋裡的財富。」

赫菲德堅持說：「閣下，難道您不喜歡很富裕嗎？」

這位老人對赫菲德的大膽精神笑了。

「赫菲德，就物質財富說來，在我自己和希羅德王宮外，任何一位最低下的乞丐之間只有一個差別。乞丐只想到他的下一餐飯，而我只想到這餐飯將是我最後的一餐飯。不，我的孩子，不要渴望財富，勞動不僅是為了致富。奮鬥的目的是為了受人愛戴和熱愛人，而不是為了個人的幸福，最重要的是為了獲得寧靜的心靈！」

赫菲德繼續堅持己見：「但是，沒有黃金，這些事情都是不可能的。有誰能生活於貧困中卻有寧靜的心情？一個人餓著肚子怎麼還能愉快得起來？如果一個人不能滿

足他的家庭的衣、食、住等基本需要，他又怎能表示出對他家庭的愛呢？您自己也曾經說過：如果財富能給別人帶來歡樂，那財富便是良好的。那麼，為什麼我要致富的雄心壯志就不是良好的呢？

「對沙漠中的和尚來說，貧窮可以是一種特權，甚至是一種生活方式；因為他只需維持他自己的生活，除去他的神之外，他也沒有人要供奉；但我認為貧窮是缺乏能力或缺乏雄心壯志的標誌。而我，我既不缺少能力，更不是沒有雄心！」

帕斯羅斯皺眉蹙額：「什麼原因使你突然產生了雄心壯志？你說到供養家庭，然而你還沒有家庭，除非是指我，因為瘟疫奪去了你的雙親後，我就收養了你。」

赫菲德的曬黑了的皮膚，掩蓋不住他面頰上驟然泛起的紅潮：「在我們到達這裡之前，在尼布隆市紮營時，我遇到了卡爾納的姑娘。她……她……」

「噢！這才是真正的原因，是戀愛，而不是高尚的理想，把我的駱駝童改變成準備向世界挑戰的偉大戰士。卡爾納是一位很富裕的人。他的女兒和一個駱駝童？絕不可能！但是，他的女兒和一位富裕、年輕而漂亮的商人……喲，那又另當別論了！很好，我的年輕戰士，我願意幫助你成為一個推銷員開創你的事業。」

這個孩子聽了便跪下來，抓住帕斯羅斯的長袍。

「閣下，閣下！我該說什麼話來表達我內心的謝意呢？」

帕斯羅斯擺脫了赫菲德的緊握，退後一步。

「我想建議你暫時保留住你的謝意。無論我能給你什麼樣的幫助，它比起你必須為你自己搬走的大山，不過是一粒小砂子罷了！」

赫菲德的愉快立即消失了，這時他問道：

「難道您不願意教我那種能使我成為偉大推銷員的原理和規則嗎？」

「我不願意。我從未縱容你，使得你的少年生活舒適而安逸。我已經飽受到批評，因為我要我的繼子過駱駝童的生活，但是我相信：只要相信自己的作為是正確的，真理總有一天會出現的……到了那個時候，你會因多年刻苦的辛勞而成為偉大超凡脫俗的人。今天晚上，你的請求使我很高興，因為那雄心壯志的火在你眼中發光，而熾烈的願望也照亮了你的臉龐。這是很好的現象，而我的判斷也得到證實了；但是，你必須進一步證明：你有比氣度更多的東西足以來支持你的話。」

赫菲德不作聲了。老人繼續說道：

「首先，你必須對我，更重要的是對你自己證明：你能忍耐推銷員的生活，因為你所選擇的不是一件很容易的工作。真的，你聽我說過很多次：如果推銷員成功了，他獲得的報酬就會很大；但是他的報酬之所以是巨大的，就是因為成功的推銷員實在太少了。

「許多人屈從於絕望和失敗，卻沒有認識到他們已經具有了得以取得巨大財富的一切工具。許多別的人在他們前進的道路上，懷著恐懼和懷疑面對著各種障礙，把障礙看作敵人，實際上，這些障礙是朋友和助手。障礙對成功說來是必要的；因為在推銷中，正如同在一切重要的事業中一樣，只有經過多次奮鬥和無數次失敗之後才能得到勝利。

「然而，每種奮鬥、每種失敗都能提高你的技能和力量、你的勇氣和耐力、你的能力和信心；所以，每種障礙便是迫使你變得更好的戰友。每種挫折就是迫使你前進的一個機會；避開種種挫折，迴避它們，你便拋棄了自己的前途。」

這位年輕人點點頭，做出好像要說話的樣子。

但是老人舉起手，又繼續說下去：

「而且，你是在從事世界上最孤獨的行業。即使是受人藐視的稅務員也可以在日落時，回到他們的家裡，羅馬軍團還有一個營房叫做大家庭。但是，你將遠離一切朋友和親愛的人們，單獨度過許多落日。最使人感到孤獨的傷害的時候，莫過於當他在黑暗中經過一座陌生的房子，目睹房子裡燈火輝煌，一家人正在燈光下一起快樂地分享晚餐麵包……

「正是在這些孤獨的時期中，你將面臨著各種引誘。你如何應付這些引誘會大大地影響你的事業。當你僅僅帶著你的牲口走在路上時，你會萌發一種陌生而恐懼的感覺。這時我們往往會暫時忘了我們的前途和價值，變得像孩子一般渴求我們自己的安全和愛。我們所能找到的作為代替孤獨的一種東西，已經結束了許多人的推銷事業，其中包括數以千計的被認為在推銷藝術方面具有極大潛力的人。

「而且，當你推銷不出貨物的時候，不會有什麼人來遷就你或安慰你；除去那些力圖把你同你的錢包分開的人以外，是不會有人來的。」

「我將十分小心翼翼地行事，並且時刻注意您所賜的寶貴警語。」

「那麼，我們就開始吧！日前，你不必接受更多的忠告。你站在我面前就像一棵幼嫩的無花果樹，在無花果成熟以前，你就不能稱它為無花果；同樣的道理，在你取得了推銷員的知識和經驗之前，你就不能被稱為一名推銷員。」

「我該怎樣開始呢？」

「明天早晨，你到管理貨物馬車的西爾維那兒去報到。他將交給你一件我們最精美的無縫長袍，這件長袍是用羊毛織成的，甚至能經得起最大的雨，它是用茜草屬植物的根莖染紅的，因而它的顏色能歷久不褪。在那件長袍的反面，靠近邊緣附近，你會發現在裡邊縫了一顆小星，這是托拉（意為指引、教導，為猶太教的核心）的標記，托拉的手藝會製出世界上最精美的長袍。

「在小星的旁邊便是我的標記——一個小圓圈套在一個正方形裡。全國各地都知道並且很尊重的這兩個標記，我們已經售出了這種長袍達千千萬萬件之多。我已經同猶太人做生意很久很久了，所以我知道他們給這種長袍所起的名字，把它叫做『阿比亞』（abeyah）。

「帶著這件長袍和一頭驢子，在明日破曉時出發，前往伯利恆，那是一個村鎮，我們的商隊先要通過那裡，然後才能到達這裡。我們的推銷員卻沒有一個人曾經訪問過那裡。他們都說：訪問那裡只會浪費他們的時間，因為那裡的人很窮；然而，許多年前我在那兒的牧人中曾售出幾百件長袍。你要待在伯利恆，直到你售出了這件長袍。」

赫菲德點點頭，企圖隱藏他的激動，但未奏效。

「老闆，我該以什麼價錢出售這件長袍呢？」

「我先進一個銀第納里到我的帳上，由你的名義付出。你回來時，就要交給我一個銀第納里。你可以保留所有超過這個數額的錢，作為你的佣金；所以，實際上你自己可以決定長袍的價錢。你可以到這個村鎮南邊的市場去看看，或者你也可以考慮一下去訪問鎮內的每個住戶，我確信鎮上有一千多戶人家，一件長袍是一定可以賣得出的，這是可以確定的；你說是嗎？」

赫菲德又點點頭，他的心已經飛到第二天去了。

帕斯羅斯把的手輕輕地放到這個孩子的肩上。

「在你回來之前，我不會安排任何人到你原來的崗位上。如果你發現這個職業不合你的口胃，我會理解的，你絕不要認為你自己可恥，絕不能由於嘗試和失敗而感到羞恥；因為絕不會失敗的人，就是根本不肯嘗試的人。在你回來時，我將詳細問問你的經驗，然後我才知道該如何進行幫助你實現你的奇異的夢。」

赫菲德向他鞠了一個躬，就轉身要走開，但是老人的話還沒有說完——

「孩子！當你開始這種新生活時，你必須記牢一句箴言。永遠把它記在心中，然後你就會克服似乎不可能克服的困難，困難一定會面臨你的，正如同困難會面臨每個有雄心壯志的人一樣。」

赫菲德等著。「閣下，是的。」

「如果你想成功的決心十分強烈，失敗就絕不會壓倒你。」

帕斯羅斯走到這位青年跟前說：「你懂得我的話的整個意義嗎？」

「閣下，是的。」

「那麼你把我的話重複一遍。」

「如果我想要成功的決心十分強烈，失敗就絕不會壓倒我。」

第4章

仁愛有強大的力量

青年赫菲德用長袍包住馬槽裡的嬰兒，空手回到商隊。

赫菲德推開吃了一半的麵包，考慮著自己的不幸命運。明天將是他到伯利恆的第四天，他十分自信地從商隊取來的紅色長袍，仍然放在他騾子背上的布包裡，現在這頭騾子正繫在旅館後面地窖裡的木樁上。

當他怒視著他未吃完的食物時，他聽不到圍繞著他過於擁擠的飯堂裡的噪聲，每一個推銷員，從一開始當推銷員時起，就感受到的種種懷疑都湧現在他的心頭了——

「為什麼人們不願聽我說話呢？我要怎樣才能引起他們的注意呢？為什麼他們在我說了五句話之前就把門關上了呢？為什麼他們對我談話不感興趣，紛紛走開呢？這個鎮上的每個人都很窮困嗎？當他們告訴我：他們喜愛這件長袍，但是買不起時，我能說什麼呢？為什麼這麼多人要我過些日子再來呢？當我做不成生意時，為什麼別人能做得成呢？當我走近一個關閉著的門時，我所產生的恐懼是什麼性質呢？我要怎樣才能克服它呢？難道我的價格同其他推銷員的價格不一致嗎？」

他搖搖頭，對他的失敗表示厭惡。也許這種生活對他是不適合的。也許他應仍做個駱駝童，繼續用每天的勞動賺幾個銅錢。但如果他能成為一個貨物推銷員，又能帶些盈利回到商隊，他便會覺得太幸運了。帕斯羅斯會稱他為什麼呢？稱他為一位青年戰士嗎？他時刻希望能趕快帶著他的騾子回去。

不久後，他想到了麗莎，想到她的嚴父——卡爾納，這時一切疑問就從他的心中很快地消失了。今天夜裡他要睡在山裡，保護他的財產，明天他將賣出這件長袍，而且，他將用動人的雄辯口才使這件長袍賣個好價錢。明天，他要早點起來，天一亮便在市場上選一個好地點駐紮，他要同每一個走近自己的人說話，在很短的時間內，他就會在衣袋裝著銀子回到橄欖山。

他伸手去取未吃完的麵包，又開始吃起來，這時他想到了他的主人，帕斯羅斯一定會為他而感到自豪，因為他並沒有令他失望，沒有作為一個失敗者而歸來。實際上，用四天的時間來完成僅僅出售一件簡單的長袍實在是太久了；但是，如果他能在四天中完以這筆交易，他知道他就能向帕斯羅斯學會如何在三天內，然後在兩天內，完成這筆交易。經過一段時間以後，他就會變得非常熟練，甚至能在每個小時售出許多件長袍！於是，他會真正成為一位傑出的推銷員。

他離開吵鬧的小旅館，向那個地窖和他的騾子走去。

寒冷的天氣把草凍僵了，並將草蓋上一層薄薄的晨霜，每個草葉發出咯吱咯吱的脆裂聲，彷彿抱怨他草鞋踐踏的壓力。赫菲德決定今天夜裡不再進山了。反之，他要在那個地窖和他的騾子在一起休息。

雖然現在他明白了：為什麼別的推銷員總是繞過這個不繁榮的村鎮；但是他知道，明天將是美好的一天。他們說過：在這裡不能做成任何交易，每當有人不肯買他的長袍時，他就想起他們的這些話。

然而，帕斯羅斯在許多年前在這裡出過數以百件的是長袍，也許時代已經不同了，而且，還有，帕斯羅斯畢竟是一個偉大的推銷員啊！

他瞧見地窖裡搖曳的燈光，惟恐裡面有小偷，便加快步伐，衝過石灰石的開口，準備制伏這個罪犯，奪回他的財物。沒想到情況同他的設想相反，當他看到他所面臨到的情形，他全身的緊張情緒就立即煙消雲散了。

他看到一支小蠟燭插在地窖牆上的裂縫中，發出暗淡的光線，照著一個蓋著鬍鬚的男子和一個年輕婦女緊緊地抱在一起。在他們的腳旁有一塊凹進中空的石頭，通常這是用來裝牛馬的飼料，這時在這塊凹形的石頭中睡著一個嬰孩。赫菲德不大懂得生孩子這類的事情，但他從這個孩子有皺紋的、深紅色的皮膚看來，他感覺到這個嬰兒是才剛出生的。這個男子和婦女為了保護這個新生兒免於受凍，兩人都把自己的斗篷用來蓋住嬰兒的全身，只露出小小的腦袋。

那位男子向赫菲德的方向點點頭，而那位婦女向小孩移近。沒有人說話。不久這位婦女打顫了，赫菲德看到這位婦女單薄的衣服不足以抵擋地窖裡的寒冷。赫菲德又注視著那個嬰兒。他看到那小嘴巴一張一合，臉上好像泛起了微笑，一種奇異的感覺流過他的周身。由於某種說不清的原因，他想到了麗莎。這位婦女由於凜冽的寒冷又打顫了，她突然的顫動使赫菲德從他的白日夢中醒來了。

這位自命不凡的推銷員，經過一陣痛苦的猶豫，走向他的騾子，小心翼翼地解開了繩結，把布包打開，取出長袍。他展開長袍，雙手撫摸著衣料。長袍的紅色在燭光中閃閃發亮，他能看清長袍裡面的托拉的標記和帕斯羅斯的標記。這兩個標記就是一顆明星和一個正方形套一個圓圈。

在過去的三天中，他那疲乏的兩臂不知拿著這件長袍有多少次了？似乎他已經認識了這件長袍上的每個織法和每根纖維。這實在是一件優質的長袍。它可以供人細心地穿上一輩子。

赫菲德閉上眼睛，長嘆一聲。於是他迅速地走向那個小家庭，跪在那嬰兒旁邊的稻草上，輕輕地從馬槽裡首先拿下那父親已破裂了的斗篷，然後又取下那母親的舊斗篷。他把每件斗篷送還各自的擁有者。他們倆人對於赫菲德仁慈的舉止深為感動。然後，赫菲德打開他那寶貴的紅長袍，把它輕輕地包住那個酣睡中的小嬰兒。

當赫菲德牽著他的騾子走出地窖時，那位年輕母親吻他的濕氣還留在他的面頰上！赫菲德曾經所見到的最明亮的星星正好照耀在他頭上的空中。他凝視著這顆耀眼的明星，直到他的眼裡充滿了晶瑩的淚花，於是他領著他的騾子朝著通向幹道的小路走去，他要回到耶路撒冷和駐紮在山上的商隊裡去……

第5章

行善奠定成功的基礎

赫菲德向帕斯羅斯報告推銷長袍經過，帕斯羅斯說：「你沒有失敗。」

赫菲德騎著騾子慢慢前進……

他低著頭，不再注意那顆明亮星星灑落在他前面的光輝。

他的心潮澎湃，思緒萬千……

為什麼他要做出這樣愚蠢的行為？他並不認識地窖中的那些人啊！

為什麼他不試圖把那件長袍賣給他們呢？

他該怎樣告訴帕斯羅斯呢？

他該怎樣告訴其他人呢？當他們得悉他把一件要推銷的長袍送掉了時，他們一定會笑得在地上打滾，而且是送給地窖裡一個陌生的小嬰孩。

他處心積慮地編造故事，以便欺騙帕斯羅斯。也許他可以說：當他在食堂吃飯時，那件長袍被人從他的騾子上偷走了。帕斯羅斯會相信這樣的故事嗎？畢竟，在這個國家有許多土匪。就算帕斯羅斯相信了他的話，但難道不會責備他的粗心大意嗎？

他很快就到達了經過客西馬尼園的小路，他跳下騾子，沮喪、疲倦地走在騾子的前面，直到他回到了商隊，從上面照下來的光使得天空似乎像白天一樣明亮；他很快就面臨到他一直所非常害怕的情況——他看見帕斯羅斯站在帳篷外面，仰望天空。赫菲德佇立不動，但是這位老人幾乎立刻就注意到他了。

帕斯羅斯走近青年赫菲德，問道：「你是直接從伯利恆回來的嗎？」他的聲音令人產生敬畏的感覺。

「閣下，是的。」

「竟然有一顆星跟著你，你不覺得恐懼嗎？」

「閣下，我沒有注意到。」

「你沒有注意到嗎？將近兩小時之前，自從我第一次看見那顆星在伯利恆的上空升起以來，我就無法離開這個地方。我從來沒見過比這顆更耀眼、更明亮的星子了。當我注視著它的時候，它開始在天空運行，走向我們的商隊。當它正好在我們的頭頂上時，你就出現了，而且它也不再運行了。」

帕斯羅斯走到赫菲德跟前，仔細端詳著赫菲德的臉，同時問道：

「你在伯利恆時曾發生什麼不尋常的事嗎？」

「閣下，沒有。」

這位老人皺眉蹙額，似乎在深思。

「我從未見過像這樣的夜晚或經歷。」

赫菲德感到了畏縮。

「閣下，我也絕不會忘了這個夜晚。」

「嘿！那麼今天晚上實在是發生了什麼事。你在這麼晚的時候趕回來，到底是怎麼一回事呢？」

赫菲德默不作聲，這位老人便轉過身，摸摸赫菲德騾子上的布包。

「這是空的呀！終於成功了！到我的帳篷來吧，把你的經歷告訴我。由於諸神把黑夜變成了白天，我無法入睡，也許你的話對於為什麼一顆星竟然跟隨著一個駱駝童的問題，會提供一些線索。」

帕斯羅斯斜靠著他的帆布床，閉著眼睛傾聽赫菲德的冗長故事——在伯利恆遭遇到了說不盡的拒絕、挫折和侮辱。當赫菲德講到那陶器商把他趕出商店時，帕斯羅斯不禁點點頭，當赫菲德講到自己不肯降價，一位羅馬士兵就把長袍擲到他的臉上時，帕斯羅斯也笑了。

最後，赫菲德的聲音嘶啞了，他蒙住眼睛，講述今天夜晚他在旅館時向他襲來的一切懷疑。帕斯羅斯打斷了他的話，說道：

「赫菲德，你盡可能地回憶，告訴我當你坐著感到為你自己傷心時，你的心裡所泛起的每一種懷疑。」

當赫菲德按照他最完整的回憶，列舉所有的懷疑時，這位老人問道：

「那麼，是什麼樣的思想終於進入了你的心裡，驅散了那些懷疑，給了你新的勇氣，使你決定在第二天再試著出售那件長袍的呢？」

赫菲德考慮了一下他的回答，然後答道：

「我僅僅想到卡爾納的女兒。甚至在那個骯髒的旅館裡我也知道：如果我失敗了，我就再也無臉見她了。」接下來，赫菲德的聲音變了，他喃喃說著：「但是，無論怎麼說，我辜負了她。」

「你失敗了嗎？我不明白。那件長袍並沒有同你一起回來呀！」

於是，赫菲德就用相當低沉的聲音，敘述那地窖中所發生的事件，那個嬰兒，那件長袍，帕斯羅斯覺得有必要向前傾著身子，以便聽得清楚些。當這個青年說話時，帕斯羅斯一再地注視著那開著的帳篷垂下的布門，以及那星光仍然照亮帳篷布門外的營地。在他困惑的臉上泛起了笑容，他沒有注意到這個孩子已中止了他的經歷，而嗚咽起來了。

他的嗚咽很快就止住了，在這個巨大的帳篷裡只有寂靜。

赫菲德不敢看他的老闆。他已經失敗了，他已證明自己能力不夠，不足以成為比一個駱駝童略勝一籌的任何一種人，他覺得難過，從帳篷躍起就想跑，但是他覺得偉大的推銷員的手正放到他的肩膀上，他不得不注視帕斯羅斯的眼睛。

「我的兒啊！這次旅行對你並沒有很多利益。」

「是的，閣下。」

「但是，它對我卻很有利。那顆跟隨著你的星，醫治了我不願承認的盲目。我只能在我們回到帕爾邁拉城以後，才能給你解釋這件事。現在我要問你一個問題。」

「閣下，好的。」

「我們的推銷員，在明天日落前就要開始回到商隊了，他們的牲口還需要你照料，你願意暫時回到你的崗位上當一名駱駝童嗎？」

赫菲德順從地從站起來，向他的恩人鞠了一躬。

「無論您吩咐我做什麼，我都願意去做。閣下，我只是覺得很抱歉，因為我辜負了您的一番教導。」

「那麼，你就去吧，為我們的人歸來做好準備吧！當我們回到帕爾邁拉城時，我們再會面。」

當赫菲德走過帳篷的帳門時，上面照下來的明亮星光，剎那間把他的眼睛弄花了。他揉揉眼睛，聽到從帳篷裡傳來的帕斯羅斯呼喚他的聲音。

赫菲德轉過身，走回到帳篷裡面，等待老人說話。

帕斯羅斯對他說道：

「安靜地睡一覺吧！因為你並沒有失敗。」

那顆明亮的星，徹夜都照耀在上空……

第6章

「成功原則」要成為思想的一部分，成為一種習慣

帕斯羅斯將成功羊皮卷，傳給了赫菲德

在商隊回到帕爾邁拉城大本營以後，將近兩個星期，有人到一個馬棚裡的稻草床喚醒赫菲德，告訴他帕斯羅斯要見他。

他匆忙趕到老闆的寢室，半信半疑地站在老闆大床的前面，這床大得使它的占有者相形見絀。帕斯羅斯睜開眼，竭力掀起被子，直到坐直為止。他的面容顯得憔悴，手上的血管鼓起。赫菲德很難相信這就是十二天以前同他說話的那一個人。

帕斯羅斯向他的床較低的那一半移動，這位年輕人小心地坐在床邊，等待著老人說話。這時，帕斯羅斯說話的聲音和音調的高低，都同他們上次會面時的不同了。

「我的兒啊！你已經重新考慮你的雄心壯志有許多天了。現在你的內心仍然想成為一位偉大的推銷員嗎？」

「閣下，是的。」

這位高齡老人點點頭。

「就這樣吧！我本來計劃多花點時間同你談談，但是正如你所能見到的，還有別的一些計畫也要我去執行。雖然我認為我自己是一名優秀的推銷員，但是死神早已在門外，隨時準備將『死亡』推銷給我！它就像一隻饑餓的狗，在我廚房的門口已經等待多日了。這條狗就像知道這個門，終有一天會無人看管的……」

咳嗽中斷了帕斯羅斯的話，赫菲德坐著一直未動，因為這位老人在喘氣。最後，咳嗽停止了，帕斯羅斯露出一絲微笑。

「我們在一起的時間不多了，所以讓我們開始談談重要的事吧！首先，請你幫我取出這張床下的一個小型雪松木箱。」

赫菲德就跪下去，從床下拖出一個用皮帶綑著的小木箱。他把這個小木箱放到床上帕斯羅斯大腿的旁邊。老人清理一下喉嚨，說道：

「許多年以前，當時我只有很低的地位，我也只是一個駱駝童，在一個偶然的機會，我救了一位從東方來的旅客，當時他正受到兩個土匪的攻擊。他堅持說：我救了他的性命，希望能報答我，雖然我並不想要任何報酬。因為我既沒有家庭，又沒有財產，他要我一同到他的家和親人那裡去，在那兒，他待我如同自己家裡的一個成員。

「有一天，當我已經十分習慣於我的新生活時，他給我講解這個木箱的故事，箱內裝有十個成功羊皮卷，每個都編有號碼。第一個成功羊皮卷包含一個學習的祕訣，其餘的羊皮卷則包含著為了在推銷藝術上，取得巨大成功所必要的祕訣和原則。

「在第二年中，他每天都教導我這些羊皮卷上明智的話語，我遵循了第一個成功羊皮卷的學習的祕訣，終於記住了每個羊皮卷上的每個字，直到這些文字成了我的思想和生活的一部分，甚至成了我的習慣。

「最後，他贈給我這個木箱，內裝全部十個成功羊皮卷，一封已經封了口的信，以及一個錢包，內裝五十塊金子。那封封了口的信絕不能打開，除非到了我看不見收養我的家庭為止。我於是向這個家庭告別，一直等到我已經到達了通往帕爾邁拉城的貿易大道，然後我才打開那封信。信的內容是命令我好好利用這些黃金，以及我從這些羊皮卷中所學到的知識，開創自己的新生活。

「那封信並且命令我：永遠要把我所獲得的無論什麼樣的財富的一半，分給其他不大幸運的人；但是這些羊皮卷既不能交給別人，也不能同別人分享，直到有一天，我獲得了一個特殊的跡象，說明誰是下一個被選為接受這些成功羊皮卷的人。」

赫菲德搖搖頭，「閣下，我不明白。」

「我會解釋的。許多年來，我都在注意這個有跡象的人；我一面注意，一面則應用從這些成功羊皮卷所學到的東西，去積累大量的財富。我幾乎要相信：在我逝世之前，可能永遠不會出現這樣的人了，直到你從伯利恆回來的，那天夜裡，有一顆明星跟隨你從伯利恆一直到商隊駐紮地，當你出現在那顆明星的下面時，我就得到了我的第一個暗示——你就是被選出來接受這些羊皮卷的人。我已經在心中努力了解這個事件的意義，但是我絕不能違背諸神的旨意。後來，你告訴我：你已贈送了長袍給幼嬰，這對我具有重大意義，這時在我的內心中便有一種聲音，告訴我：我長期尋找接班人的工作就此結束了。我終於發現了你就是注定要繼承這個木箱的人。」

老人稍微停頓了一下：「很奇怪，我剛一知道我已經發現了適當的接班人時，我的生命能量就開始慢慢地耗竭了。現在，我已經接近人生的終點站了，我長期的探索已經結束了，我也能夠安然地告別這個世界了！」

老人的聲音逐漸微弱，但是他握緊他的瘦骨嶙峋的雙拳，更近地傾向赫菲德：「我的兒，再靠近一點，仔細聽我說話，因為我將無力重複這些話了！」

赫菲德向他的老闆坐得更近些，這時他的眼睛濕潤了。他們的手放在一起，偉大的推銷員費力地吸了一口氣。

「現在，我把這個木箱連同它裡面裝的有價值的東西都傳給你，但是你必須同意

三個條件。木箱裡有一個錢包，裝有一百塊金塔蘭。這筆錢足以使你生活下去，並且購買少量的地毯，用以進入商界。我本可以贈予你更多的財富，但這會給你造成可怕的危害，比那更好的辦法就是讓你依靠你自己的力量，成為世界上最富裕、最偉大的推銷員。你看，我並沒有忘記你的偉大目標。

「離開這城市，到大馬士革去吧！在那裡你將發現有無數的機會，去應用這些羊皮卷所教你的原則和道理。當你找到了住處以後，你要先打開第一號成功羊皮卷，你要再三、再四地閱讀這個羊皮卷，直到你能充分了解它所闡述的祕密方法，並且能應用這個祕密方法，去學習所有其他羊皮卷包含的推銷員成功原則。

「如果你能照每個羊皮卷學習，你就能開始推銷你已經購進的地毯；如果你能把你所學到的知識，同你所獲得的經驗結合起來，並且繼續像我所說的那樣學習每個羊皮卷，你的推銷額便會在數目上與日俱增。

「而我的第一個條件便是：你必須發誓你將遵循包含在第一號成功羊皮卷中的教導。你同意嗎？」

「閣下，我同意。」

「好的，好的……如果你能應用這些羊皮卷中的原則，你就能變得比你所曾經夢想的富裕還要富裕得多！」

「我的第二個條件便是：你必須不斷地把你的收益的一半，給予那些比你不幸的人。你絕對不可違背這個條件。你願意嗎？」

「閣下，我願意。」

「現在來談談三個條件中最重要的一個條件。你不得把這些羊皮卷或它們所包含的智慧分享給任何人。有一天，將會出現一個人，他將向你傳送一個跡象，正如同那顆星和你不利己的行為，就是我所尋求的跡象一樣。當這種情況發生時，你要認識這個跡象，即使傳送這個跡象的人，並不知道他就是要入選的人。

「當你的心確信你是正確的時候，你就要把這個木箱連同它所裝的羊皮卷交給他或她，做好了這一步後，不必給接受者強加諸如別人強加給我，以及我現在強加給你的條件，因為我在很久以前所收到的那封信上說：接受這些羊皮卷的第三個人，能把羊皮卷中的信息分享給世人，只要他願意這樣做的話。你願意答應我履行這第三個條件嗎？」

「閣下，我十分樂意！」

帕斯羅斯聽完之後輕鬆地嘆了口氣，好似重擔已從他身上卸了下來。他微微一笑，用他瘦骨嶙峋的雙手托住赫菲德的臉。

「那麼，你把這個木箱拿去吧！離開這裡，我將不能再見到你了！帶著我對你的愛心和我對你成功的願望走吧，願你的麗莎能分享你將來的一切幸福。」

當赫菲德拿起木箱，帶著它通過開著的門時，熱淚不由自主地經過他的面頰滾滾而下。他走到外面，停了下來，把木箱放在地上，轉回身子向著他的老闆說道：

「如果我想成功的決心足夠強大，失敗就絕不能壓倒我。」

老人無力地笑笑，點點頭。

於是，赫菲德揮揮手，向老人告別……

第7章

勇氣、熱情、毅力是成功的必要條件

赫菲德進駐大馬士革，展開成功羊皮卷……

赫菲德騎著騾子，從東門進入城牆圍著的大馬士革。他騎著騾子懷著種種疑慮和恐懼，沿著叫做直街的街道走著，幾百個攤販的喧囂和喊叫也不能消除他的恐懼。隨著一個強大的商隊，例如，帕斯羅斯的商隊進入一個大城市是一回事；毫無保護孤獨地進入一個大城市則是另一回事。

街道上的商人手舉著商品從四面八方向他衝來，他們叫喊的聲音一個高過一個。他走過密如蜂房般的商店和市場，這些地方陳列著銅匠、銀匠、木匠、鞍匠和織工的技藝；他的騾子每走一步都使他面對面地遇到叫賣商販，他們伸著手，發出自憐的飲泣聲。

在他的正對面，在西城牆外，聳立著西蒙山。雖然時當夏季，它的頂部仍然覆蓋著白皚皚的雪，它似乎萬般容忍和克制地俯視著市場發出的吵雜與噪音。

赫菲德終於走過了那條著名的大街，詢問路人，很容易地便在一個叫做莫斯卡的小旅館找到了住所。他的房間很整潔，他預付了一個月的房租，這就使他立即建立了同旅館老板安東尼之間的良好關係。於是，他就把他的騾子安置到旅館後邊的馬廄裡，並到巴拉達河洗了個澡，然後回到他的房間。

他把那小型雪松木箱放到他的床腳下，著手解開皮帶。箱蓋很容易就打開了，他向下注視著羊皮卷，然後他伸手到裡邊，摸到了它。它在他的手指下似乎是活的一樣，他迅即縮回了手，站起來，走向花格窗，窗外傳來將近半英里遠的市場的吵雜聲音。當他向吵雜的聲音的方向看去時，恐懼和懷疑又回到了他的心中，他感覺到他的信心正在衰減中。

他閉起眼睛，把頭靠在牆上，大聲叫道：

「我多麼愚蠢地夢想：我，僅僅是一個駱駝童，竟夢想有一天將被稱為世界上最偉大的推銷員，而現在我卻沒有勇氣騎著騾子通過街上小販的攤子。

「今天，我的眼睛已經看到數以百計的推銷員，就他們的職業說來，他們都比我裝備得好得多了！他們有勇氣、熱情和毅力。他們似乎都裝備好能在市場上，為生存而進行殘酷鬥爭的地方存活下去。當我認為我可以和他們競爭，並且可以超越他們時，我是多麼愚蠢和傲慢啊！帕斯羅斯，我的帕斯羅斯，我又將辜負你了！」

他躺在他的床上，由於旅程的勞累，他嗚咽起來，直到睡著為止。

他醒來時，天已亮了。甚至他在睜開眼睛之前，就聽到了啾啾的鳥叫聲。於是，他坐起來，懷疑地凝視著一隻麻雀竟然停在裝著羊皮卷的木箱開著的蓋子上。他跑到窗邊，看到窗外有數以千計的麻雀，群集在無花果樹和梧桐樹上，每一隻麻雀都在唱歌，歡迎新的一天。當他注視這種令人鼓舞的景象時，有幾隻麻雀飛到了他的窗台上，但是即使赫菲德只是稍微動了一下，牠們就很快地飛走了。然後他轉過身，又望著他的木箱，他的那位身披羽毛的嬌客也正翹起牠的頭，注視著這位青年。

赫菲德慢慢地走近這個木箱，伸出他的手。這隻麻雀，就跳到了他的手掌上。

「你數以千計的同類都在外面，很害怕。但是惟有你有勇氣穿過窗戶飛進來。」

這隻麻雀尖銳地啄赫菲德的皮膚，他就把牠帶到桌上，那兒放著他的布包，包中裝有麵包和乾酪，他把長麵包折成兩半，把一些碎塊放在他的小朋友的旁邊，牠就開始吃起來。

一種念頭突然湧現於赫菲德的心中，他便回到窗戶旁邊，用手撫摸窗戶格構中的小孔。這些小孔很小，麻雀似乎不可能穿過小孔飛進來。於是他記起了帕斯羅斯的聲音，他大聲重複他的話：

「如果你想成功的決心足夠強大，失敗就絕不能壓倒你。」

他回到那個木箱旁，把手伸到箱內。其中一個成功羊皮卷比其餘羊皮卷磨損得更厲害些。他就從箱內把這個羊皮卷取出來，輕輕地把它展開。他的恐懼已經消失了！於是，他朝著麻雀望，牠也消失了。只有剩下的麵包和乾酪的碎屑，可以作為那隻有勇氣的小鳥曾經來訪的證據。

赫菲德向下瞧著那個羊皮卷。它的標題是「第一號成功羊皮卷」。

他就開始讀起來了……

第8章

〔第1號〕成功羊皮卷

我要養成好習慣，並成為它的奴隸

1．我要真正吞下埋在每個葡萄裡的成功種子

今天我要開始過一種新的生活。

今天我要蛻去我身上的舊皮膚，它已經受苦於失敗的傷痕和平庸的屈辱太久了。

今天我要新的人生，我的誕生地是一個十分寬廣的葡萄園，那兒有供給一切人的果實。

今天我將在這葡萄園中，從最高、最豐碩的一些葡萄藤上摘取智慧的葡萄，因為這些葡萄樹是這個行業中，那些最聰明的前輩們，一代接一代所種的。

今天我將嚐嚐這些葡萄樹所結的葡萄的滋味，我要吞下埋在每個葡萄裡的成功種子，讓新的生命從我的內心裡發芽茁壯。

2．我準備取得智慧和原則，從而獲得成功

我所選擇的行業充滿了機運；然而，它也充滿了傷心和絕望；而且若將在這種行業中失敗者的軀體，一個一個地堆疊起來，則其高度將比金字塔還高！

然而，我將不會像他們那樣失敗；因為我的手中現在正握著航線圖，它將引導我通過危險的水域到達彼岸，這個岸僅僅在昨天還似乎不過是一個夢。

失敗將不再是我為了奮鬥而支付的代價。正如同自然並沒有製造糧食供我的身體忍受痛苦，它也沒有製造任何糧食供我的人生遭受失敗。失敗，像痛苦一樣，與我的生活是不搭調的。

過去我接受失敗就像接受痛苦一樣，但現在我拒絕失敗，我準備取得智慧和原則，用以引導我走出陰影，進入財富、地位和幸福的陽光大道，獲得遠遠超過我最誇張的夢想的成功，甚至連金蘋果園的金蘋果，似乎也不能勝過我的公平報酬。

人若能永生不死，就可以有足夠的時間學到一切，但是我並沒有永生的奢望。然而，我在分配我自己的時間之時，必須學習忍耐的藝術；因為自然絕不會匆忙行事。

培植一棵樹王——橄欖樹，需要一百年，而一棵蔥只要九個星期就能長大了。我以前的生活就像一棵蔥，我並不喜歡蔥。現在我要努力成為橄欖樹中最大的樹王，實際上，就是要成為最偉大的推銷員。

我怎樣才能達到這個目標呢？因為我既沒有知識又沒有經驗來達到偉大的境地，

而且我曾經摔倒於無知之中，掉進自憐的水池。其實，答案是很簡單的。我將輕鬆的開始走我的旅程，我既無不必要知識的重負，也沒有無意義經驗的障礙，自然已經提供給我知識，和比森林中的任何野獸的本能都大得多的本能，而「經驗的價值」往往被點頭誇說聰明、說話都愚蠢的老人，估計得過高了！

實際上，經驗雖能徹底地教育人，然而經驗的教學過程也會吞噬人們的年華，所以經驗的價值，就會隨著其為了獲得經驗的特殊智慧所必須花的時間而減小，結果人們會發現跟死人談經驗是白費力氣的。而且，經驗敵不過時尚；今天證明是正確的行動，明天可能就會變成行不通和不切實際的東西。

只有原則能持久，現在我已擁有了這些原則；因為能引導我進入偉大境界的規律，都包含在這些成功羊皮卷中了。它們將要教導我的原則與其說是為了求取成功，毋寧說是為了阻止失敗；因為成功除去是一種心態以外，還能是什麼呢？

在一千個明智的人中，沒有兩個人能用相同的話給成功下定義；但是人們總是會用同一種方式來描述失敗：「失敗就是一個人沒有能力達到他的人生目標，無論這種目標可能是什麼！」

3．好習慣是達到成功的鑰匙

實際上，在那些失敗了的人和那些成功了的人之間，唯一差別就在於他們的——「習慣」。

好習慣是達到成功的鑰匙，壞習慣則是通向失敗的未上鎖的門。因此，我所要遵循的第一個規律，即領先於其他一切規律的規律，就是——

我要養成好習慣，並且成為它的奴隸。

作為一個孩子，我是感情衝動的奴隸；而現在我就像所有的成人一樣，是習慣的奴隸。我已經使我的自由意志，屈從於我多年積累的一些習慣，而我一生過去的行為，已經標誌出一條威脅要限制我的未來的路徑。

現在，統治我的行為的暴君是——欲望、激情、偏見、貪婪、熱愛、恐懼、熱情、習慣，其中最惡劣的暴君就是習慣。

因此，如果我必須做習慣的奴隸，就讓我做一些好習慣的奴隸。我必須根除我的壞習慣；必須為優良種子準備好新的耕地。

我要養成好習慣，並且成為它的奴隸。

我將怎樣完成這個困難的偉績呢？這個偉績可以通過這些羊皮卷來完成，因為每個羊皮卷都包含一條原則，這條原則能從我的生活中驅走壞習慣，代之以好習慣，而這個習慣將推動我更接近成功。因為自然的另一條規律是：只有一種習慣能征服另一種習慣。所以，為了這些書寫的文字能執行它們精選的任務，我必須用我的第一個新習慣來訓練我自己，這個新習慣是這樣——

我要按以下規定的方式閱讀每個羊皮卷達三十天，然後再閱讀下一個羊皮卷。方式如下——

第一，我起床後就默讀這些話。然後，在我吃完午餐後，就再默讀這些話。最後，在一天過完以後，在我就寢之前，我要再次讀這些話；最重要的是：這一次我要高聲朗讀這些話。

到了第二天，我還要重複這個過程，並且我要用同樣的方式重複做三十天。於是，我將轉到第二個成功羊皮卷，再重複這個過程三十天。我將用這種方式繼續下去，直到我同每個羊皮卷生活三十天，而我的閱讀也已成了習慣。

用這種習慣會取得什麼成就呢？

人類一切成就的祕密就隱藏在這裡！

我每天重複這些話時，它們就會很快成為我積極心理的一部分，但是更重要的是：它們將滲透進我的心靈裡，成為一個神祕的泉源，又絕不睡眠，它能形成夢，往往使我用我所不理解的方式行事。

由於我的神祕的心靈吸收了這些羊皮卷中的話，我每天早晨醒來時就會具有我以前從來不知道的活力。我的活力將增強，我的熱情將旺盛，我迎接世人的願望將戰勝我曾經所有的一切恐懼，我將獲得的幸福，要比我曾經相信我在這個奮鬥和憂傷的世界中，可能得到的幸福更大。

最後，我將發現我自己能對面臨著我的一切情況做出反應，就像這些羊皮卷中的活命令我要做出的反應那樣；很快，這些行動和反應將變得易於執行，因為任何行動通過實踐，便會變得容易。

因此，一種新的好習慣就誕生了，因為當一種行動經過不斷的重複而變容易了時，這種行動執行起來便變成了一種娛樂；如果它執行起來是一種娛樂，人們就會願意時常去做，這是人類的天性。

當我時常去執行它時，這就變成了一種習慣，而我就成了這種習慣的奴隸；因為這是一種好習慣，做好習慣的奴隸是我的志願。

4．我要吞下成功的種子，變成一個新人

今天我要開始過一種新的生活。

我現在向我自己莊嚴地宣誓：任何人都不能阻礙我新生命的成長。我絕不讓一天白白溜走而不讀這些羊皮卷，因為我既不能挽回白白度過的那一天，也不能用另一天來代替它。我絕不能，也絕不願打破每天閱讀這些羊皮卷的習慣；實際上，每天在這種習慣上花很短的時間，只不過是為我將取得的幸福和成功所支付的很少的代價。

因為我是為了遵循正語嘉言而再三閱讀這些羊皮卷中的話，所以我將絕不允許因每個羊皮卷文字的簡潔，也不允許因它的文字的率直，而使我輕蔑地對待羊皮卷中的

信息。數以千計的葡萄被壓榨成酒裝進一個罈中，葡萄皮果肉則被拋給鳥吃。所以這是用長時間形成的智慧葡萄釀成的。許多不好東西已經被過濾和拋擲得煙消雲散了。只有純正的真理被蒸餾成了文字。我要按說明書好好飲用，而不溢出一滴。我要吞下成功的種子。

今天，我的舊皮膚已經變成塵埃一般褪去了。我將抬頭挺胸、大步地走在人群中，他們不會認識我了，因為今天我是一個全新的人，過著新的生活。

第9章

〈第2號〉成功羊皮卷

我要衷心地用愛心迎接今天

1．我要用愛心作為最偉大的武器

我要衷心地用愛心迎接今天。

因為這是一切驚人事業成功的最大祕訣。強有力的肌肉能夠毀壞一個盾牌，甚至毀滅生命；但是，只有不可見的愛心力量才能打開人們的心扉；我在掌握了這種藝術之前，將仍然不過是市場的一個販夫走卒而已！我願使愛心成為我最偉大的武器，沒有一個我能指出名的人，能抵禦這種武器的力量。

我的理論人們可以反對；我說出的話人們可以不相信；我的服裝人們可以不喜歡；我的面容人們可以厭棄；甚至我賣的便宜貨可能引起人們的懷疑；然而我的愛心一定能融化所有堅硬的心，就像太陽一樣，它的溫暖能軟化凍得最厲害的泥土。

2．我要用愛心看待一切事物

我要衷心地用愛心迎接今天。

我怎樣才能做到這一點呢？

今後，我要懷著愛心看待一切事物，因為我已經重生。我要熱愛太陽，因為它能溫暖我的筋骨；然而我也要熱愛雨淋，因為它能清洗我的精神。我要熱愛光亮，因為它能給我照亮前進的征途；然而我也要熱愛黑暗，因為它能讓我看到星星。我要歡迎幸福，因為它能擴大我的胸懷；然而我也要熱愛悲傷，因為它能啟迪我的心靈。我要感謝收到的報酬，因為它是我應得的；然而我也歡迎障礙，因為它是對我的挑戰。

我要衷心地用愛心迎接今天。

3．我要永遠探索理由去稱讚別人

我該怎樣說呢？

我要稱讚我的敵人，使他們成為我的朋友；

我要鼓舞我的朋友，使他們成為我的兄弟。

我要永遠探索理由去稱讚別人；我絕不搜索藉口去搬弄是非。當我企圖去批評別人時，我就咬住自己的舌頭；當我想要讚揚別人時，我就跑到屋頂上去大叫。

鳥、風、海和一切大自然，都為它們的造物主訴說著音樂般的讚美之詞，難道實情不是這樣嗎？難道我不能對造物主的孩子們說同樣如音樂般的話嗎？此後我要記住這個祕訣，它將改變我的人生。

4．我要熱愛各種各樣的人

我要衷心地用愛心迎接今天。

我要怎樣行動呢？

我要熱愛各種各樣的人，因為每個人都有值得羨慕的品格，即使這種品格是隱而不顯的。我要懷著愛心拆毀人們圍繞著他們的心，已經建立起來的懷疑和仇恨的牆，在它的原址，我要建立新的橋樑，以便我的愛心能夠進入他們的心靈。

我要熱愛有雄心壯志的人，因為他們能鼓舞我！

我也要熱愛失敗者，因為他們能教育我！

我要熱愛君王，因為他們也只不過是人；

我也要熱愛虛心的人，因為他們是非凡的。

我要熱愛富者，因為他們的心靈還是很孤獨；

我也要熱愛貧者，因為他們人數很多。
我要熱愛年輕人，因為他們懷有信心；
我也要熱愛老人，因為他們擁有智慧。
我要熱愛美人，因為他們的眼裡含有悲傷；
我也要熱愛醜人，因為他們有寧靜的心靈。

5．我要用愛心做盾牌，擋住仇恨和憤怒

我要衷心地用愛心迎接今天。

但是，我對別人的行為該怎樣做出反應呢？用愛心。因為正如同愛心是我的武器，用以啟迪人們的心扉；愛心也是我的盾牌，用以擋住仇恨的箭和憤怒的矛。逆境和令人氣餒的事可能沖擊我的新盾牌，並變得像最柔和的雨一樣。

我的盾牌將在市場保護我，當我是孑然一身時，它便支持我。在我處於絕望之中時它便鼓舞我；然而在我狂歡之時，它卻使我冷靜下來。

由於我的應用，它將變得更堅強，更具有保護力，直到有一天我可以把它棄置一

邊，不受妨礙地走在各式各樣的人們之中；當我做到這一步時，我的英名便會被高高地放到人生的金字塔的頂尖。

6．我對每個人胸懷愛心，保持沉默

我要衷心地用愛心迎接今天。

我要怎樣對待我所遇到的每一個人呢？只能用一種方式，那就是，在心底默默地向他打招呼，並且說：「我愛你！」這些話雖然是在心中說的，但同樣地也會使我的兩眼發光，舒展我的眉頭，把微笑帶到我的嘴角，在我的聲音中發出迴響；這樣，他的心扉就會啟開了。

當我遇到的每一個人的心，當對方感覺到我的愛心時，還有誰會對我的貨物說「不要」呢？

7．我尤其要熱愛我自己

我要衷心地用愛心迎接今天。

我尤其要熱愛我自己。因此，當我這樣做的時候，我要熱忱地檢查進入我的身體、靈魂、精神和我的心的一切東西。我能不能過度放縱對我肉體的要求，我寧願用清潔、和節制來珍惜我的身體。我絕不讓我的靈魂被邪惡和絕望所吸引，我寧願用歷代的知識和智慧來提高它。我絕不允許我的心靈變得自滿自足，我寧願用沉思和祈禱來充實它。我絕不允許我的心變得渺小而自私，我寧願將它分享給別人，讓它成長和溫暖人類。

8．愛心是成為傑出人物所要採取的第一步

我要衷心地用愛心迎接今天。

今後，我要熱愛全人類。從此刻起，讓一切憎恨從我的脈管流出；因為我沒有時間去恨，我只有時間去愛。

從此刻起，我要採取成為傑出人物所必須的第一步。

我要用愛心增加我的銷售額一百倍，成為偉大的推銷員。

如果我沒有其他的良好品格，我只用愛也能成功。

如果我沒有愛心，雖然我具有世界上一切的知識和技能，我也會失敗。

9．我有愛心就能成功

我要用愛心迎接今天。

我下決心一定要成功。

第10章

我要堅持到成功為止

〔第3號〕成功羊皮卷

1．每天生活都在測試我的各方面

我要堅持到成功為止。

在東方，人們常常為了鬥牛場的需要，而用某種方式測試小公牛。每頭小公牛都被帶到鬥牛場，讓牠們攻擊一個騎馬的鬥牛士，而這個鬥牛士則用長槍來刺殺牠們。於是，人們就細心地按照每頭小公牛的表現，不顧長搶刀刃的刺痛而願意進行攻擊的次數，來評估牠們的勇敢程度。

此後，我要認識到：每天，生活都在用各種方式測試我的各個方面，如果我能堅持前進，如果我能繼續努力，如果我能繼續向前衝鋒，我就會獲得成功。

2．我是一隻雄獅，我絕不接受失敗

我要堅持到成功為止。

我不是要誕生在這個失敗的世界中；

而失敗也不能在我的血管裡流動。

我不是一隻綿羊，等待著牧羊人來屠宰。我是一隻雄獅，我不屑同綿羊在一起談話、走路、睡眠。

我不要聽那些哭泣、抱怨的訴苦；因為它們是有傳染性的疾病。讓它們同綿羊廝混在一起吧！失敗的屠宰場絕不是我的歸宿。

3．我永遠要多走一步

我要堅持到成功為止。

人生的獎金是在賽程的終點發給的，並不是在即將開始時發給的；人生也不會因為我知道我到達我的目標必須走多少步，而發給我多少獎金。我即使走到第一千步時仍然可能會遭到失敗；然而，也許成功就隱藏在這條路的下一個轉彎處。除非我能多走幾步路而轉過這個彎，我就絕不會知道成功有多麼近。

我永遠要多走一步。如果那一步沒有益，我就要再走一步，還要再走一步。實際上，一次走一步是不會太困難的。

4．把微小努力重複多次，就能成功

我要堅持到成功為止。

今後，我要把我每天的努力，當作只不過是我用斧頭砍伐巨型橡樹一樣。第一擊也許並不能在橡樹中形成一次顫動，第二擊也不能，第三擊也不能。每一擊的本身可能是無關緊要的，似乎是無結果的。

然而，這棵橡樹由於純真幼稚的多次重擊，終究會倒下。所以這種情況同我今天的努力是一致的。

我要比作沖掉大山的雨滴；吞噬老虎的螞蟻；照亮地球的星星；建造金字塔的奴隸。我要一次用一塊磚建造我的城堡；因為我知道：微小的努力重複多次以後，就能完成任何事業。

5．我絕不考慮失敗，我要忍耐，辛勤勞動

我要堅持到成功為止。

我將絕不考慮失敗，我要從我的詞彙中排除一些否定的詞句，例如：停止，不能，不會，不可能，完全不可能，不大可能發生，失敗，無法工作，沒有希望以及撤退等等；因為這些都是愚人的用語。

我要避免絕望，但是如果這種心理疾病竟然還是傳給了我，那麼我就得在絕望中繼續工作下去。

我要辛勤勞動，我要忍耐。我要忽視我腳旁的障礙，我要朝著我的目標勇往直前；因為我知道：在乾燥沙漠的盡頭，便是遍地如茵的綠草。

6．每一次失敗都會增加成功的機會

我要堅持到成功為止。

我要牢記古老的平衡定律，我要使它為我的利益服務。我要堅持認為：每一次的推銷失敗，都會增加下次努力取得成功的機會。我所聽到的每一個「不」，都會使我更有可能聽到「是」的聲音。我遇到的每一次皺眉蹙額，只能使我準備接待「微笑」的到來。我所遭遇到的每種不幸，都會在它的本身中帶有明天好運的種子。我必須像

珍惜白天一樣珍惜黑夜。我絕不能僅僅只要求一次就取得成功。

7．我要嘗試，嘗試，再嘗試

我要堅持到成功為止。

我要嘗試，嘗試，再嘗試。

我要把每一個障礙看作是通到我的目標路上的一段彎路，和對我職業的一個挑戰。我要堅持發展我的技能，學會平安度過難關，就像水手施展他的技能，學會平安度過每次憤怒的風暴一樣。

8．我要多做一次努力，力求勝利結束今天

我要堅持到成功為止。

此後，我要學會並且應用那些在我的工作中超越我的人所用的另一些祕訣。當每天結束時，不論這一天是一個成功還是一個失敗，我都要努力完成再一次的推銷。當我的思想召喚我疲倦的身軀回家的時候，我要抵抗回家的引誘。我要再做一次嘗試。

如果這一次失敗了，我就再做一次努力，力求勝利結束今天。

我絕不允許任何一天以失敗告終，然後，我還要種下明天成功的種子，獲得為那些在規定時間停止勞動的人所難以逾越的利益。當別人停止了奮鬥時，我卻還在奮鬥，而我也將取得更豐盛的收穫。

9．我相信今天是我最好的一天

我要堅持到成功為止。

我也不允許昨天的成功哄騙我進入今天的自滿，因為這是失敗的重要原因。我要忘卻已經逝去的一天所發生的事件，不論那些事件是好的還是壞的，我要用信心迎接新的太陽，相信這將是我一生中最好的一天。

只要我還有一息尚存，我就要堅持到底。因為現在我已經懂得了最偉大的成功原則之一——如果我能足夠持久地堅持，我就會勝利。

我要堅持！

我會勝利！

第 11 章

〔第4號〕成功羊皮卷

我是自然界中最偉大的奇蹟

1．我是獨一無二的人物

我是自然界中最偉大的奇蹟。

自從生物世界開創以來，就從沒有另一種生物具有我的思想、我的心臟、我的眼睛、我的耳朵、我的雙手、我的頭髮以及我的嘴巴。

沒有一個以前來過的人，沒有一個今天活著的人，沒有一個明天將來的人，能夠恰好像我一樣地走路、說話、行動和思考。所有的人都是我的兄弟，然而我同他們每個人都不相同——我是獨一無二的人。

2．我要利用我同別人的差異，它是潛力巨大的資產

我是自然界中最偉大的奇蹟。

雖然我屬於動物界，但是我並不滿足於身為動物的酬報。在我的內心裡燃燒著一種已經通過無數世代的火焰，而它的熱不斷地激勵我的精神，使變得比我現在的精神更好，而我也要做到這一點。我要搧起這種不滿足的火焰，向世人宣稱我的獨特性。

沒有人能複製我創下的紋路，沒有人能複製我鑿出的痕跡，沒有人能複製我寫的手跡，沒有人能生出我的孩子，說實話，沒有人具有恰好同我一樣的能力。

此後，我要利用這種差別，因為它是可以充分發展的資產。

3．我有無限的潛力，我能完成遠遠超過我現在完成的事業

我是自然界中最偉大的奇蹟。

我不再徒勞地模仿別人。

反之，我要把我的獨特性放到市場上。我要宣揚它，是的，我要推銷它。現在，我要開始強調我的差別性；藏匿我的共通性。我也要把這個原則應用到我所推銷的貨物上。我這個推銷員和貨物都和其他的不同，我以這種差別感到自豪。

我是自然的獨特生物。

我是稀少的，完全的稀少就有價值；因此，我是有相當價值的。我是千萬年進化的最新產物，所以，我在精神和身體方面的裝備，都比在我之前的皇帝和聰明的人要好得多。

但是，如果我不能充分利用我的技能、我的智慧，我的心和我的身體，就會停滯、腐爛和死亡。我有無限的潛力，我只使用了我頭腦的一小部分；我只顯示了我微不足道的一部分肌肉的力量。我能把我昨天的成就增加一百多倍，從今天開始我要做到這一點。

我絕不再滿足於昨天的成就，我也不再放肆地自我吹噓我的功績，實際上我的功績實在渺小到不足以心平氣和地承認。我能完成遠遠超過我現在所完成的事業，我要這樣做；因為，為什麼生我的奇蹟應當隨著我的誕生而終結呢？為什麼我不能把那種奇蹟，延用到我今日的行為上呢？

4．我要盡量利用我的潛力，改進我的態度和風度

我是自然界中最偉大的奇蹟。

我不是偶然來到這個星球上的。我到這裡是有目的的，那個目的就是要長成一座山，而不是要萎縮成一粒砂。此後我要應用我的全力，以便成為一切山中最高的山；我要盡量利用我的潛力，直到它泣求饒命為止。

我要增進對人、對我自己和對我所推銷的貨物的認識；這樣，我的銷售額便會倍增。我要磨練、改進和潤飾我推銷貨物時所說的語言；因為這是我創造事業的基礎；我絕不能忘記許多人只做了一次極良好的推銷談話，就獲得了巨大的財富和成功。我也要不斷地探索改進我的態度和風度，因為這兩者是吸引一切人的蜜糖。

5．我要把我的能量集中於迎接當前的挑戰

我是自然界中最偉大的奇蹟。

我要把我的能量集中於面對當前的挑戰，我的行動將幫助我忘了一切別的情況。我要把家裡的問題要留在家裡。當我在市場時，我就要絲毫也不想到我的家庭，因為若不這樣，我的思考就會受到干擾。市場的問題同樣也要留在市場；當我身在家裡時，我也絲毫不想到我的工作，因為要不然，我的家庭就會受到損失。

在市場裡就沒有我的家庭的餘地，在我的家裡也沒有市場的餘地。我要把這兩者互相分別獨立；這樣我就仍然能致力於兩者。這兩者必須分開；否則，我的事業之樹便要枯死。這是歷年來似「非」而「是」的至理名言。

6．我的一切問題都是偽裝的機遇

我是自然界中最偉大的奇蹟。

我擁有能觀察的眼睛，能思考的頭腦；現在我認識了人生的一個偉大祕訣，因為我看出了我的一切問題、挫折和頭痛，實際上都是偽裝的機遇，我不再為它們所披的外衣所愚弄了，因為我的眼睛是雪亮的，我能看透外衣的裡面，我將不再上當、也不再受騙了。

7．我是帶著目的誕生的，這將塑造和指導我的人生

我是自然界中最偉大的奇蹟。

沒有走獸、沒有植物、沒有風、沒有雨、沒有岩石、沒有湖泊具有和我相同的起源；因為我是在愛心中懷胎，帶著目的誕生的。過去的我沒有考慮到這個事實，但是這個事實今後將塑造和指導我的人生。

8．取得一次勝利後，下次的競爭就不會太困難了

我是自然界中最偉大的奇蹟。

自然不知道有失敗，只知道它最後要表現勝利，而我也將表現勝利，每取得一次勝利之後，下一次競爭就不會太困難了。

我要勝利，我要成為偉大的推銷員；因為我是獨一無二的。

9．我有充分的信心取得成功

我是自然界中最偉大的奇蹟。

我有充分的信心取得成功。

第12章

〔第5號〕成功羊皮卷

我過今天要猶如它是我的最後一天

1．我絕不悔恨昨天，我要充分利用現實的今天

我過今天要猶如它是我最後的一天。

在我仍然享有這寶貴的最後一天中，我該做什麼呢？首先，我要封閉它的底，以便它本身一滴也不會溢在沙地上。我不要把時間浪費於哀悼昨天的不幸，昨天的失敗，昨天的心痛；因為，為什麼我應當拋棄好的，卻去追求壞的呢？

沙能向上流進滴漏嗎？太陽能升自它落下的地方，而落到它升起的地方嗎？我能使昨天的一些錯誤復甦而改正它嗎？我能喚回昨天的損傷，而把它修復嗎？我能收回我所說過的壞話、我給了別人的打擊、我已形成了的疼痛嗎？

不能。昨天已永遠被埋葬了，我不要再想到它。

2．我不要想到明天，而要掌握「現在」

我過今天要猶如它是我最後的一天。

那麼我該做什麼呢？我要忘了昨天，也不要想到明天。為什麼我應當拋棄「昨天與明天」，卻去追求「現在──今天」呢？

明天的沙能流過今天以前的滴漏嗎？太陽能在今天早上出兩次嗎？我站在今天的路上能做出明天的行走嗎？我能把明天的金錢放進今天的錢袋裡嗎？明天的孩子今天能誕生嗎？明天的死亡能把它的影子向後投射，使今天的歡樂暗然失色嗎？我應當關心我可能絕對見不到的事件嗎？我應當用可能不會發生的問題來折磨我自己嗎？

不能！明天同昨天應該埋葬在一起，我不要再想到明天了。

3．我感激造物者給我一件無價禮物──今天

我過今天要猶如它是我最後的一天。

今天就是所有的一切，現在這些小時就是我的永恒。我要作為一個被判處了死刑而暫緩執行的囚犯，迎接今天的日出，我高舉兩手，表示感激造物者給我這件無價的禮物──一個新的一天。

所以，當我考慮到所有迎接昨天日出的人，已經不再過這個生動的今天了時，我也要使我的心臟懷著感激的心情跳動。真的，我是一個幸運的人，今天的二十四小時

不過是一筆額外的獎金。

當其他比我好得多的人已經去世了時，為什麼我竟然被允許過這個額外的一天呢？是因為他們已經達到了他們的目的，而我還沒有達到我的目的嗎？是因為這是另一機會，讓我成為我希望我能做的那種人嗎？自然有什麼特別的目的嗎？這就是讓我勝過別人的一天嗎？

4．我要珍惜今天的每一小時，使現在成為無價之寶

我過今天要猶如它是我最後的一天。

我只有一個一生，而一生不過是時間的一種尺度而已！

當我毀壞了一個小時，我也就毀壞了另一個人生。如果我浪費了今天，我也就毀壞了我一生的最後一頁。

因此，我要珍惜今天的每一個小時，因為它絕不會再回來了。

人們不能把今天這一個小時存到銀行，以便次日再把它取出來，因為誰能誘捕清風？我要用雙手緊握住今天的每一分鐘，用愛心去愛撫它；因為它的價值是極貴重

的。垂死的人即使願意付出他的全部金錢，也不能買到另一次呼吸呢！我敢給前面的時間做出什麼樣的定價呢？我要使現在成為無價之寶！

5．我要用七種辦法，避免浪費時間

我過今天要猶如它是我最後的一天。

1．我要發憤用力地規避那些浪費時間的精神；
2．我要用行動打破因循延宕的習性；
3．我要用信心埋葬懷疑；
4．我要用信任去除恐懼；
5．我不要聽從怠惰的口中所說出的話；
6．我不要停留在遊手好閒、無所事事的地方；
7．我不去訪問那些不務正業的人的地方。

尋求懶惰就是從我所愛的人那裡偷竊食物、衣服和溫暖。我不是小偷。我是一個有愛心的人，今天是證明我的愛心和偉大的最後機會。

6．我要趁著今天給別人援助，以免失去時機

我過今天要猶如它是我最後的一天。

我要在今天完成我今天的職責。今天我要多撫愛我年幼的孩子，明天他們就要走了，我也要走了；今天我要用甜蜜的親吻擁抱我的愛人明天她就要走了，我也要走了；今天我要幫助一個陷入困境中的朋友，明天他就不會再求援了，我也就再也聽不到他的呼救。今天我要犧牲我自己，從事勞動；明天我就獻不出什麼了，也不能得到任何東西了。

7．我要使今天的每一分鐘，比昨天的每一小時更富有成果

我過今天要猶如它是我最後的一天。

今天如果是我的最後一天，它就將是我最偉大的紀念日。

我要把今天作為我一生最好的一天。

我要盡力充分利用今天的每一分鐘。

我要欣賞今天的滋味，表示感激。

我要使今天的每一個小時都很有價值，我只把每一分鐘運用於有價值的事件上。

我要比以往任何時候都更加努力地勞動，拚命使用我的肌肉，即使是它喊饒命，我也要繼續工作。我要比以前一向做出更多的訪問。我要比以前一向推銷更多的貨物。

我要比以前一直以來所賺到更多的財富。

我要使今天的每一分鐘，比昨天的每一小時更富有成果。

我要奮戰不懈——

我最後的一天，必須是我最好的一天。

8. 如果今天不是我最後的一天，我便萬分感激

我過今天要猶如它是我最後的一天。

如果今天竟然不是我最後的一天，我就該虔誠下跪，謝天謝地。

第13章

今天我要做我情緒的主人

〔第6號〕成功羊皮卷

1．我的情緒會像海潮一樣漲落

今天我要做我情緒的主人。

潮漲潮落、春去秋來、日出日落、月圓月缺、花開花謝……

整個自然都是各種模式的循環，我是自然的一部分，所以，我的情緒也會像海潮一樣上漲，像海潮一樣下落。

2．今天的憂傷包含著明天歡樂的種子

今天我要做我情緒的主人。

我不大理解的自然的巧妙之一就是：每天我睡醒時的情緒都變得同昨天的不同。昨天的歡樂會變成今天的憂傷；然而今天的憂傷也會變成明天的歡樂。在我的內心有一個輪子，它在不斷地轉動：從憂傷轉到歡樂，從狂喜轉到沮喪，從幸福轉到憂鬱。像花一樣，今天盛開的歡樂之花會因凋謝而枯萎成灰心之花；

然而，我要記住：正如同今天枯死了的花苞含著明天開花的種子，所以，今天的

憂傷也包含著明天歡樂的種子。

3．我要把歡樂、熱情、欣喜和笑聲帶給他人

今天我要做我情緒的主人。

我要怎樣控制這些情緒，以便每天都能產生碩果纍纍呢？因為，如果這一天我的情緒不健康，這一天便會是一個失敗。樹木和草木要依靠天氣才能茂盛，但是我能製造我自己的氣候，而且我能隨身帶著這種氣候到處走。如果我把陰雨、憂鬱、黑暗和悲觀帶給我的顧客，那麼，他們就會用陰雨、憂鬱、黑暗和悲觀做出反應，如此他們就不會購買什麼了。

如果我把歡樂、熱情、欣喜和笑聲帶給我的顧客，他們就會以歡樂、熱情、欣喜和笑聲做出反應，如此就能為我取得巨額的銷售和滿穀倉的黃金。

4．每天我都要執行控制情緒的九項計劃

今天我要做我情緒的主人。

我怎樣才能控制我的情緒，以便使我的每一天都是快樂的一天和豐收的一天呢？

我要學會這個歷代的祕訣：

「如果一個人允許他的思想控制他的行動，他便是弱者；如果一個人能迫使他的行動控制他的思想，他便是強者。」

每天，當我醒來時，在我被憂傷、自憐和失敗的力量所俘虜之前，我要遵奉下面九項戰鬥計劃——

1．如果我覺得沮喪，我就唱歌。

2．如果我覺得憂傷，我就大笑。

3．如果我覺得不適，我就加倍勞動。

4．如果我覺得恐懼，我就奮勇前進。

5．如果我覺得低人一等，我就換上新裝。

6．如果我覺得猶豫不定，我就提高我的嗓音。

7．如果我覺得窮困，我就想到財富就要到來。

8．如果我覺得才能不足，我就回憶過去的成功。

9．如果我覺得自我價值不大，我就想想我的目標。

5．我對我的情緒要堅定地執行八項自我控制

今天我要做我情緒的主人。

今後我要明明白白、清清楚楚地認識到——

只有那些能力低下的人，才會永遠覺得揚揚自得，而我並不低劣。我必須在今後的一些日子裡，不斷地同那些要把我往下拖的力量進行競爭，諸如絕望和憂傷等力量是很容易認識到的，但是，還有別的力量，雖然它們面帶微笑，伸出友誼的手，走近我身邊，我也必須不斷地同它們進行競爭，我絕不能放棄自我控制……

1．如果我覺得過分自負，我就要回憶我的失敗。

2．如果我過度貪食，我就要想想過去饑腸轆轆的時候。

3．如果我覺得自滿自足，我就要想想我的競爭對手。

4．如果我安享得意的場合，我就要回憶羞恥的場合。

5．如果我覺得萬能無敵，我就要試著停止風的狂吹。

6．如果我得到巨大的財富，我就要想想我過去貧窮的時刻。

7．如果我覺得過份驕傲，我就要想想沮喪情緒低落的時刻。

8．如果我覺得我的技能是天下無敵的，我就要仰望夜空的繁星。

6．我能了解和認識別人的心情

今天我要做我情緒的主人。

我有這種新的認識以後，我就能了解和認識我所訪問的人的心情。我要寬容他今天的憤怒和焦躁，因為他還不知道控制他的情緒的祕訣。我能經得起他多次的打擊和侮辱；因為現在我知道：明天他就可能改變，成為一個我樂於接近的歡樂的人。

我不再按初次會面的印象去判斷一個人，明天我不再不肯去拜訪今天對我懷有惡意的人。今天他不願花一個便士去購買一輛金馬車；然而明天他可能會用他的房子去交換一棵樹。我對於這個祕訣的認識，將成為我打開鉅大財富之門的鑰匙。

7．我要通過積極的行動控制我的情緒

今天我要做我情緒的主人。

今後我要認識和鑑別全人類包括我在內的情緒的祕密。從此刻起，我準備好控制每天從我內心發生的無論什麼樣的情緒，我要通過積極的行動控制我的情緒；當我能控制了我的情緒時，我就能控制我的命運了。

今天我能控制我的命運，我的命運就是一定要成為世界上最偉大的推銷員！

我要成為我自己的主人。

我要培養偉大的精神。

第14章

我要笑對世界

〔第7號〕成功羊皮卷

1．我要培養笑的習慣

我要笑對世界。

除人類以外，沒有一種生物能笑。樹木受傷時會分泌樹脂，野生的動物感到疼痛和餓餓時會叫喊，然而只有人類獲得了笑的天賦。無論何時，只要我選擇笑，我就可以笑，笑是屬於我的。今後，我要培養笑的習慣。

我要笑，我的消化能力將會增強；我要哈哈地笑，我的負擔就會減輕了；我要笑，我的壽命就能延長，因為這是長壽的最大的祕訣；現在這個祕訣是我的了。

2．我尤其要笑對我自己

我要笑對世界。

我尤其要笑對我自己，因為當人對待自己太認真了時，他便是很可笑了。我絕不能陷入這種心理捕獸器裡。因為雖然我是自然最偉大的奇蹟，難道我不仍然是聽任時間的大風到處拋扔的一顆穀粒嗎？難道我真的知道我來自何處或者我要往何處去嗎？

我對於今天的關懷，十年後看來不會似乎是愚蠢的嗎？為什麼我要讓今天所發生的細小不重要的事件使我煩惱呢？在日落之前將發生什麼樣的事件，而這種事件在世紀的長河中，是否可能是無意義的呢？

3．我對逆境便在心中說：「這也會過去！」

我要笑對世界。

當我面對著某人行為嚴重地冒犯我，致使我落淚或咒詛時，我要怎樣才能笑呢？我要訓練我自己說五個字，直到說這五個字成為一種牢固的習慣，即使良好的幽默趣事就要從我脫口而出，這五個字也會立即出現在我的心裡。這五個字是從古人傳下來的，將使我將通過各種逆境，我也要讓自己保持我的人生處於平衡的狀態。這五個字就是——「這也會過去！」

4．「這也會過去」將給我警告或安慰

我要笑對世界。

因為一切世俗的東西實在都會「過去」。當我的頭痛得厲害時，我該這樣安慰我自己：這也會過去；當我因成功而自滿時，我要警告我自己：這也會過去。當我在貧困中要窒息而死時，我要囑咐我自己：這也會過去；當我揹上財富的包袱時，我要囑咐我自己：這也會過去。的確如此，您可知昔日建築金字塔的人今日安在呢？他不是埋在金字塔石頭的裡面嗎？難道不是總有一天這個金字塔也要被埋在沙下嗎？如果一切事物都將過去，為什麼我還要為今天而擔心呢？

5．我寧願非常忙碌而無暇憂傷

我要笑對世界。

我要用笑聲來描繪今天；我要用歌聲來美化夜晚。我不能不通過勞動而得到幸福；我寧願非常忙碌而無暇憂傷。我要在今天享受今天的幸福。今天並不是能儲藏在箱子裡的穀粒。它也不是能儲存在罈子裡的酒。它不能儲存起來供明天應用，它必須在同一天播種和收獲，今後我要這樣做。

6. 我要用笑引發別人的笑，贏得勝利

我要笑對世界。

我的笑將把一切事物縮小到它們的適當大小。我要笑對我的種種失敗，讓它們在新的夢想中煙消雲散；我要笑對我的種種成功，將它們縮小到它們的真正價值。我要笑對邪惡，它將死於尚未做出危害之前；我要笑對善良，它將繁榮而豐富。只有當我的笑能引發別人的笑時，我才能每天贏得勝利；如果我對那些不買我的貨物的人只是皺眉蹙額，那我就太自私自利了。

7. 笑能交換黃金

我要笑對世界。

今後我要僅僅流甜蜜的淚，因為那些憂傷或悔恨或挫折的淚，在市場上是沒有價值的，而每一個笑能夠交換黃金，每一句出自我內心的親切的話，都可以建成一座偉大的城堡。

我絕不允許我自己變得過於重要、過於英明、過於強大，以致於忘了笑對我自己和我的世界。這樣，我要永遠作為一個孩子；因為我只有作為一個純真的孩子，我才能看重別人的力量；只要我能看重另一個人，我就絕不致於長得比我的床還要長。

8．笑是自然賦予我的最重大禮物之一

我要笑對世界。

只要我能笑，我就絕不會貧窮，因為笑是自然賦予我的最貴重禮物之一，我不再浪費它了。我只有借助笑和幸福才能真正成為一位成功者。我只有借助笑和愉快才能享受我的勞動成果。如果我做不到這一點，我就很容易失敗；因為愉快是加強飯菜味道的酒。我要享受成功，我就必須愉快，而笑則是為我服務的女子。

我要愉快。

我要成功。

我要成為世界所曾經知道的最偉大的推銷員。

第15章

〔第8號〕成功羊皮卷

今天我要把我的價值增加一百倍

1．我能把我的價值增加一百倍

今天我要把我的價值增加一百倍。

桑葉經過人類的才華，就變成了蠶絲。

一塊泥土經過人類的才華，就變成了一座城堡。

一棵檜柏經過人類的才華，就變成一個神龕。

剪下的羊毛通過人類的才華，就能變成國王穿的衣服。

如果人類有可能把樹葉、泥土、木頭和羊毛的價值，提高一百倍甚至一千倍，為什麼我不能用以我名字命名的這塊泥土，做出這同樣的事呢？

2．我的人生要像播於良土的麥子一樣，增產一千倍，而不是去餵豬或磨粉

今天我要把我的價值增加一百倍。

我好像一顆麥粒一樣，面臨著三種前途：麥子可能被裝進一個大布袋裡，再被傾

倒入一個畜槽，餵豬；或者麥子可能被碾成粉，做成麵包；或者可能被種到地裡，得到培育，逐漸長大，直到它金色的麥穗分開，從一粒麥子長出一千粒麥子。

我像一粒麥子，但有一點不同。麥子不能選擇它是被用來餵豬或碾成麵粉做麵包，還是被種到地裡繁殖。而我有選擇權，我絕不讓我的人生被用來餵豬，我也不讓我的人生，按照別人的意志在失敗、絕望的石磨中被碾碎、吃光，而是要被種到地裡，得到培育，逐漸長大，直到它金色的麥穗分開。

3．我必須訓練我的身心

今天我要把我的價值增加一百倍。

為了生長和繁殖麥子，有必要把麥粒種植在泥土的黑暗中，而我的失敗，我的絕望，我的無知和我的無能——就是這種黑暗，我已經被種植在這種黑暗中了，以便長大成熟。

現在，就像麥粒要能發芽和開花就只有受到雨露、陽光以及和風的培育，我也必須訓練我的身體和心理，來實現我的夢想，但是，麥子要長成完滿的狀態，就必須伺

候自然的奇思異想。而我卻不必等待什麼，因為我有能力選擇我自己的命運。

4．我要制訂各期奮鬥的高目標

今天我要把我的價值增加一百倍。

我怎樣才能完成這個任務呢？

首先，我要制訂我的一天、一週、一月、一年和一生的奮鬥目標。

正如同雨必須先降下來，然後麥子才能破皮發芽，所以我也必須先制訂目標，然後我的人生才能結晶。

我在制訂計畫時，要考慮我過去最好的成績，把它增加一百倍，這要成為一個標準，我將來就是要按這個標準奮鬥。我絕不擔心我的目標訂得太高，因為：難道把我的標槍瞄準月亮，而僅僅射中了一隻鷹，不是比把我的標槍瞄準一隻鷹，而僅僅射中了一塊岩石更好嗎？

5．如果我摔倒了，我就自行起來

今天我要把我的價值增加一百倍。

我的高目標不會使我敬畏，雖然我可能常摔倒，然後才能到達我的目標。如果我摔倒了，我就自行起來，而我的跌倒並不會影響我的前進，因為所有的人都必須常常摔倒，然後才能成功。只有毛毛蟲才無摔倒之憂。我不是毛毛蟲，我不是一根蔥，我也不是綿羊，我是人。讓別的東西用它們的泥土築洞，我要用我的泥土建造城堡。

6．我每天都超越我上一天的功績

今天我要把我的價值增加一百倍。

正如同太陽必須曬暖大地，麥子才能長出幼苗；同樣，這些羊皮卷的話要溫暖我的人生，從而把我的夢想轉變成現實。今天我要超越昨天我所做的每個行動。我要竭盡我的能力攀登今日的高山，然而明天我將攀登得比今天更高，下一天將比明天攀登得更高。超越別人的功績是不重要的；超越我自己的功績才是最重要的。

7．我要宣布我的目標、計畫、夢想

今天我要把我的價值增加一百倍。

正如同溫暖的風能促使麥子生長成熟，這同樣的風也能把我的聲音傳給那些願意聽的人，我一定要宣布我的目標。

我一旦說出了我的目標，我就不敢隨便把它取消，以免我自己失面子。

我要做我自己的先知，雖然所有的人可能嘲笑我所說的「大話」，但他們還是會想聽聽我的「計畫」，他們還會願意知道我的「夢想」。

這樣一來，我就沒有逃避的餘地了，我只能努力把我的話變成完滿的功績。

8．我要永遠提高我的目標

今天我要把我的價值增加一百倍。

我不能造成把目標訂得太低的可怕罪過。

我要做失敗者所不肯做的工作。

我要永遠讓我所達到的限度超越我的支配能力。

我絕不滿足於我在市場上的成績。

我要永遠當我的目標剛一達到時，就馬上把它提高。

我要永遠努力使得下一個小時勝過這一個小時。

我要時常向世人宣布我——宏大的目標。

然而，我絕不宣布我的成就。反之，讓世人懷著讚美的心情接近我，而我可能有這種才智來謙遜地接受他們的讚美。

9．我要勝過麥子的繁殖，有益世人

今天我要把我的價值增加一百倍。

一粒麥子增加了一百倍以後，就可長出一百支麥梗，把這些麥梗再增加一百倍，如此增加十次，所收獲的麥子，就可供給地球上一切城市人口的食用。難道我還比不上一粒麥子嗎？

10 我要不斷地增加我的價值

今天我要把我的價值增加一百倍。

當我完成了這個任務之後，我還要把它再做一次，再做一次；當這些羊皮卷上的話全為我實現了時，世人就會對我的偉大成就感到驚愕和奇妙。

第16章

我現在就行動

〔第9號〕成功羊皮卷

我的目標是沒有價值的，我的計畫是不可能的，我的夢想是塵土。

這一切都是無價值的，除非它們緊跟以行動。

1．只有行動才能使我的夢想、目標、計畫成為生動的力量

我現在就行動！

從來沒有一幅地圖，無論畫得怎樣詳細，或用怎樣精密的比例尺，也絕不能把它的主人在地上移動一吋。從來沒有一條法律，無論怎樣公平，能制止一種犯罪。從來沒有一種文書皮卷，甚至像我手中所握住的這一種寫在羊皮紙上的文書皮卷，能賺到一便士，或者產生一句稱讚的話。只有行動才是唯一導火線，它能把這種地圖、這種法律、這個文書皮卷、我的夢想、我的目標、我的計畫化為生動的力量。行動是一種食品和飲料，它能滋養我的成功。

2．行動能征服恐懼

我現在就行動！

我的因循（循舊不改，墨守成規）已經拖累我落後許多，因循是恐懼的產物，這個祕密是我從一切勇士的心靈深處挖掘出來的，現在我總算認識到這個祕密了。我知道：我要征服恐懼，我就必須永遠毫不猶豫地行動，於是我心中的焦急也就會消失。現在，我知道：行動能把對獅子的恐懼降低為對螞蟻的鎮定。

3．我要學螢火蟲，在行動中發光

我現在就行動！

今後，我要學習螢火蟲，它僅僅在飛行時，僅僅在行動中才發光。我要成為螢火蟲，甚至白天，儘管有太陽，我的光也能被人看見。讓別人認為美麗的蝴蝶，它們會打扮自己的翅膀，然而也要依靠花卉無私的慈愛為生。我要做螢火蟲，我的光將照亮全世界。

4．我不逃避今天的任務

我現在就行動！

我絕不逃避今天的任務，不把今天的任務推到明天；因為我知道明天絕不會到來。即使我的行動並不能帶來幸福或成功，讓我現在就行動吧；因為行動而失敗了總勝於不行動而踉蹌前進。真的，我的行動所採摘的果實可能並不是幸福；然而，沒有行動，全部果實就可能枯死在籐蔓上。

5．我每時每刻都要重覆說：「我現在就行動！」

我現在就行動！

我現在就行動。我現在就行動。我現在就行動。今後，我將每小時、每天、在任何天都一而再、再而三地重複這句話，直到這句話成為像我的呼吸那樣的自然，並且跟著做出的行動，就成為像我的眼瞼眨眼那樣的本能。我說這句話，我就能調節我的心理去迎接各種挑戰，而失敗者卻要逃避這種挑戰。

6．我醒來時就要說：「我現在就行動！」

我現在就行動！

我要再三再四地重複這句話。

當我醒來時，我就說這句話，並且從我的床鋪馬上跳起來，而失敗者還要再睡一個小時。

7．我一進入市場就要說：「我現在就行動！」

我現在就行動！

當我進入市場時，我要說這句話，立刻我就會面臨我第一個可能成交的顧客；然而這時失敗者卻還要考慮他可能遭到拒絕哩！

8．我面臨閉著的門時就要說：「我現在就行動！」

我現在就行動！

當我面臨緊閉著的門時，我要說這句話，然後就敲門；而失敗者卻只會在外面懷著恐懼和戰慄的心情等待著。

9．我面臨著邪惡的引誘時，就立即行動

我現在就行動！

當我面臨著邪惡的引誘時，我就說這句話，並且立即行動，使我自己擺脫邪惡。

10．我受誘惑要停止工作時，就立即行動

我現在就行動！

當我受誘惑要停止工作到明天再開始時，我就說這句話，並且立刻行動，努力去完成另一次銷售。

11．行動能決定我的價值

我現在就行動！

在市場只有行動才能決定我的價值；

為了增加我的價值，我就要增加我的行動。

我要走到失望者所害怕走到的地方。當失敗者尋求休息的時候，我要工作。當失敗者保持沈默的時候，我要說話。

我要不斷地去訪問十個可能買我貨物的人，而這時失敗者卻在制訂一個宏偉的計畫，他想去訪問一個人。

我要說現在一定做得成，而失敗者卻說時間已經太晚了！

12.「現在」就是我所擁有的一切

我現在就行動！

因為「現在」就是我所擁有的一切。

「明天」是保留給懶漢的勞動，我不是懶漢。

「明天」是邪惡變成善良的日子，我不是邪惡。

「明天」是弱者變成強者的日子，我不是弱者。

「明天」是失敗者要成功的日子，我不是失敗者。

13．如果我不行動，我就要失敗

我現在就行動！

獅子飢餓時，牠就需要進食；

老鷹口渴時，牠就需要喝水。

如果牠們不進行行動的話，兩者都要死去。

我渴求成功。我渴求幸福和寧靜的心情。

如果我不行動，我就要在失敗、不幸以及失眠之夜中死去。

我要命令我自己，我要遵守服從我自己的命令。

14．成功不等人

我現在就行動！

成功絕不會等待人的。

如果我延緩行動，她可能就要許配給別人了，而我也就可能要永遠失去她了。

現在正是行動的時候。
這裡正是行動的地方。
我正是行動的人。

15．我現在就行動

我現在就行動！

第17章

〔第10號〕成功羊皮卷

我要祈求指引

1．人們都有請求幫助的本能

有誰簡直沒有一點信仰，以致在巨大災難或悲痛的時刻，並不向他的神呼救？有誰面臨著危險、死亡或超越他的正常經驗或理解能力的神祕，卻不大聲疾呼呢？這種在危急關頭，就從一切生靈脫口而出的深層本能，究竟是來自何處呢？

在另一個人的眼前急速地晃動你的手，他的眼瞼就要眨眼。如果你輕擊另一個人的膝蓋，他的腿就會跳動一下。如果你用隱密的恐怖去恐嚇另一個人，他就要由於同樣的深層衝動說：「我的上帝啊！」

為了我認識自然的這個最偉大的祕密，我不需要用宗教來充實我的生活。所有能在地球上走路的動物，包括人類都有請求幫助的本能。為什麼我們要有這種本能、這種天賦才能呢？

2．請求是祈禱的一種形式

難道我們的請求不是祈禱的一種形式嗎？難道我們不可以理解：自然規律所支配

的世界給予小羊、或騾子、或鳥類、或人類請求幫助的本能，而且某種偉大的靈不也提供了某種超等的力量，它有能力聽到和回答我們的請求，它應當能聽到我們的請求？今後我要祈禱，但是我請求幫助只限於請求指引。

3．我只祈求指引：指給我一條路

我絕不要求世界上的物質東西。我不要求僕人給我拿來食物。我不要求旅館老闆給我安排房間。我更不要求別人給我送來黃金、愛情、健康、勝利、名譽、成功或幸福。我只祈求指引：指給我一條路，以便我能得到這些東西；而我的祈禱永遠能得到回答。

我所尋求的指引可能來，或者，我所尋求的指引不會來；但是這兩者不都是一種回答嗎？如果一個小孩向他的父親要麵包，而麵包並不是隨要隨有，難道這位父親不是已經給了回答嗎？

4．我祈求指引的方式有十三種

我要請求指引，我要作為一位推銷員用下列方式祈禱指引——

1．啊！萬能的造物主啊！請幫助我。因為今天我赤裸裸地、孤獨地走出娘胎，進入了這個世界，如果沒有您的指引，我就會迷失方向，遠離成功和幸福之路。

2．我不要求黃金或衣服或甚至於我能力的機會；反之請指引我，以便我可獲得等於我機會的能力。

3．您已經教導獅子和老鷹如何用牙齒和爪子覓食和健壯成長。請教導我如何用語言求食和用愛心健康成長，以便我可以成為人類中的雄獅和市場中的雄鷹。

4．幫助我通過障礙和失敗時仍然能保持著謙遜；然而不要使我的眼睛看不見隨著勝利而來的獎品。

5．請把別人做失敗了的任務分配給我，並且指引我從他們的失敗中採集成功的種子。請使我面臨能鍛鍊我精神的恐懼；然而授予我勇氣，使我笑對我的顧慮。

6．請給我足夠的日子，使我能達到目標，並且幫助我度過今天，猶如它是我最後的一天。

7‧請指引我善於使用能產生結果的語言；然後使我沈默不談論他人的閒言閒語，以便不致中傷任何人。

8‧請訓練我養成嘗試、再嘗試的習慣；然而還要告訴我利用平均律的方法。給予我認識機會的機敏性；還要授予我耐心，以便我能集中我的力量。

9‧請讓我在好習慣的河中游泳，以便淹死壞習慣；還要使我同情別人的弱點。允許我懂得一切事物都將要消失；然而請幫助我數算我今天的幸運。

10‧請讓我遭受怨恨，以便怨恨對我不再是陌生；然而，請把我的杯子裝滿愛心，以便我能把陌生人轉變為朋友。

11‧但是，只有當您有意給我指引時，所有這些事才能做得到。我只是抓住葡萄藤的一個孤單的小葡萄；然而您已使我和所有其他的葡萄都不相同。真的，一定有一個特殊的位置在等我去到那裡。請指引我，請幫助我，請指給我到達這個位置的路。

12‧當您在世界的葡萄園裡選擇和種下我的種子，使我發芽時，讓我成為您種植我時所希望得到的一切。

13·請幫助這個謙遜的推銷員。

上帝啊！請指引我。

第18章

達成最後的任務

赫菲德把木箱和成功羊皮卷傳給保羅

1．赫菲德耐心等待接受成功羊皮卷的青年

赫菲德在他孤單的大廈裡，等待那個要來領受這些成功羊皮卷的人。這位老人只同他所信任的會計在一起，把他作為一個伙伴，而他只能注視著春去秋來，四季更迭；年老體衰很快就不讓他做一點事了，他只能安靜地坐在他的隱蔽的花園裡。

——他在等待！

他在處理完了他的世俗財產，和解散了他龐大的商業王國之後，已經等待將近整整三個年頭了。

2．不要讓我的儀容欺騙了你

有一天，有一個身材細小，一瘸一拐地走著的陌生人，從沙漠裡走出來，到了東方，他進入大馬士革，穿過大街小巷，一直走到赫菲德這座大廈的前面。伊萊斯穆斯一向是心胸寬大和彬彬有禮的典型人物，這時他仍然堅定地守在門口，這位來訪者見到他就重複提出他的要求：

「我要同你的老闆說話。」

這位陌生人的儀容實在不能鼓舞人信任他。他的草鞋已經劃破了，曾用繩子修理過，他那棕色的雙腿也都被劃破和擦傷了，腿上有許多傷疤；腰部，鬆鬆地圍著一根用破布和駱駝毛做的腰帶。這個人的頭髮纏結在一起，又長得很長，他的眼睛由於日光強烈，顯得火紅，似乎要從內部燃燒起來一般。

伊萊斯穆斯緊握著門柄。「你要向我的老闆要求什麼呢？」

這位陌生人把他的包袱從他的肩膀上放下來，雙手緊緊地抱在一起，他向伊萊斯穆斯懇求道：

「親愛的先生，請讓我見見你的老闆。我對他並沒有惡意，我也不是要求施捨。我只要讓他聽聽我的話，如果我冒犯了他，那麼，我便會很急速地走開。」

伊萊斯穆斯仍然猶豫不決，之後慢慢地打開門，向進來的人點點頭。

於是，他就轉過身，並不向後看，很迅速地走向花園，他領著路，那位來訪者一瘸一拐地跟在後面。

在花園裡，赫菲德在打盹。伊萊斯穆斯在他的老闆前面猶豫不決。他咳了一聲，赫菲德動了一下。

他又咳了一聲，老人便睜開了眼。

「閣下，請寬恕打攪了，來了一位拜訪者。」

赫菲德終於醒了，坐起來，把頭轉向這位陌生人，凝視著他。

這位陌生人彎著腰說道：「您是那位一向被稱為世界上最偉大的推銷員嗎？」

赫菲德皺眉蹙額，但是點點頭：

「我一向是被人那樣稱呼的，但那樣稱呼我的年代現已經過去了。那頂桂冠已不再戴在我的頭上了。你有什麼事嗎？」

這位身材細小的拜訪者，難為情地站在赫菲德的前面，雙手擦拭他的亂篷篷的胸部。他在柔和的光線下眨眨眼，回答道：

「我叫掃羅（即是使徒保羅的原名），現在我正從耶路撒冷要回到塔瑟斯城——我的誕生地。然而，我請求您：不要讓我的儀容欺騙了您。我不是荒野的土匪，我也不是流落街頭的乞丐。我是塔瑟斯城的市民。也是羅馬的市民。我們都是卞雅憫的猶太族法利賽派的人，雖然我是製造帳篷的工人，卻在偉大的伽馬列指導下唸過書。有些人叫我保羅。」

他說話時傾著身子；赫菲德直到此刻才完全清醒，這時他道歉地揮手示意他的拜訪者坐下來。

保羅點點頭，但是仍然站著。

「我來看您的目的，是請您給以僅僅你所能給的指引和幫助。閣下，您願意允許我講講我的經歷嗎？」

伊萊斯穆斯站在掃羅的後面，猛烈地搖著頭，但是赫菲德佯裝沒有注意到。他很仔細地端詳這位打攪他睡覺的人，然後點點頭：

「我已經太老了，我不能一直仰望著你。孩子，坐到我的腳邊來吧！我願意聽你說完。」

保羅把他的包袱放到一邊，跪到默默地等著的老人的身邊。

3. 請那位世界最偉大的推銷員指點方法

「四年前，一位獻身於神的人名叫斯蒂芬，在耶路撒冷被投擲石子而死，我由於

多年學習積累的知識，迷住了認識真理的心竅，充當了這個事件的官方見證人。斯蒂芬因褻瀆我們的上帝的罪名，已被猶太最高法院兼參議會判處了死刑。」

赫菲德困惑地說：

「我不懂我同這件事究竟有什麼關聯。」

赫菲德的話，中斷了保羅的敘述。

保羅舉起手，好似要赫菲德靜下來——

「我會很快地加以解釋。斯蒂芬是一個叫做耶穌的人的信徒，羅馬人認為耶穌煽動叛亂的言論，反對羅馬帝國，而把耶穌釘死在十字架上，之後不到一年就發生了斯蒂芬被投擲石子的事件。斯蒂芬的罪就是堅持認為：耶穌是彌賽亞，猶太的先知者早已預言到他要降生，並堅持認為：我們的教堂和羅馬政府共同謀殺害了上帝的兒子，他對於那些當權派的這種申訴，只能使他被處以死刑，而正如我剛才告訴你的那樣，我也參與了迫害事件。

「而且，由於我的盲從和年輕的熱情，那個教堂的高級牧師提供我許可證，委託我一個任務：到大馬士革去清查所有耶穌的信徒，並用鏈條把他們拴著帶回耶路撒冷接受懲罰。我已說過：這是四年前的事了。」

伊萊斯穆斯看著赫菲德，大吃一驚，因為這位忠實的會計，許多年來都沒有看過這位老人的眼中現在所出現的神色。在這個花園中只能聽到噴泉的潺潺水聲，直到保羅再一次說話。

「那時，當我懷著害人之心來到大馬士革時，天空突然出現一道閃光。我記得我並沒有被擊倒，但是我發現我自己躺在地上，雖然我看不見，卻能聽得見，我聽到一個聲音在我的耳朵裡說：『掃羅，掃羅，為什麼你要迫害我？』

「我回答道：『你是誰？』

「這個聲音答道：『我是耶穌，你正在迫害的耶穌；現在你站起來，走進城去，有人會告訴你該做什麼。』

「我便站起來，我的同伴們指引我進入大馬士革，在那裡我逗留在那被釘在十字架上的人的信徒家裡，整整三天，我既不能吃，也不能喝。於是另一個信徒叫做亞拿尼亞來訪問我，他說：在一次顯聖中，聖靈囑咐他到我這兒來。於是，他把他的雙手放在我的雙眼上，我便又能看見了。於是，我能吃了，我也能喝了，我的體力也就馬

上恢復過來了。」

赫菲德坐在長櫈上，向前傾著身子，問道：

「然後發生了什麼事呢？」

「我被帶到猶太教會堂，雖然我作為耶穌信徒的一個迫害者，一到達會場就使所有他的信徒內心深感恐懼，但是我仍然佈道，我的話反駁了他們，因為那時我說：那位被釘在十字架上的人，實實在在是上帝之子。

「所有聽我說話的大都懷疑這是我欺騙人的詭計，因為難道我不是在耶路撒冷造成了一場浩劫嗎？雖然我的心已經改變了，但是我卻無法來說服他們，因此，有許多人在暗中策劃置我於死地，所以我便越牆逃跑，回到了耶路撒冷。

「在耶路撒冷又發生了在大馬士革所發生的事件。沒有一個耶穌的信徒願意接近我，雖然他們聽到了我在大馬士革佈道時所的話。然後，我繼續以耶穌的名義佈道，但是毫無益處。在我說話的每個地方，我都引起那些聽我說話的人的怨恨，直到有一天我走到基督教的教堂，當我在院子裡注視出售鴿子和小羊作為祭祀犧牲品時，那個聲音又在我的耳邊響起。」

「這一次耶穌說了什麼？」

伊萊斯穆斯在能打斷他的話之前就說話了。

赫菲德向他的老朋友笑笑，然後點頭要保羅繼續說下去。

「這個聲音說：『你已經傳講我的話將近有四年之久了，但是你顯出很少的福祉。甚至上帝的話也必須出售給人民，否則，他們就不會聽它。難道我不是用寓言比喻，以便一切人都能懂嗎？你用醋是不能捕到什麼蒼蠅的。你回到大馬士革去，尋找那位被稱為世界最偉大的推銷員。如果你要把我的話傳給世人，你就要請他給你指點方法。』」

赫菲德機敏地看看伊萊斯穆斯，這位老會計感覺到了那個不言而喻的問題。難道這個人竟是他們等待了很久的那個人嗎？這位偉大的推銷員向前傾著身子，把他的一隻手放在保羅的肩上。

「把這位耶穌的情況講給我聽聽！」

現在，保羅說話聲音宏亮，生動，充滿新的力量，他講到耶穌和他的生活。當這兩個人聽著的時候，他說到猶太人長期等待著一個彌賽亞，他們認為他會來的，並會

同他們在一個幸福、和平和獨立的新王國裡聯合在一起。他講到聖徒約翰以及一個叫做耶穌的人登上了歷史舞台。他講到這個人所創造的奇蹟，他對群眾的演講，他的起死回生，他對貨幣兌換商的處置；他又講到耶穌被釘死在十字架、埋葬、耶穌的復活。最後，猶如給他的故事賦予更大的效力，保羅把手伸進他身邊的布包，取出一件紅色長袍，他把這件袍子放到赫菲德的膝上。

「閣下，您手中所拿的就是這位耶穌所留下的唯一世俗物品。他把他所擁有的一切，甚至連他的生命，都分享給世人了。在他的十字架下，羅馬士兵投擲骰子決定誰該佔有這件袍子。當我上次在耶路撒冷時，經過許多努力和尋找……之後，我終於得到這件袍子。」

赫菲德翻轉這件血跡斑斑的袍子，這時他的臉變得慘白，他的雙手發抖。伊萊斯穆斯對他老闆的儀容感到很驚訝，就向這位老人更靠近些。赫菲德繼續翻轉這件袍子，直到他發現了那顆縫在布上的小星，這是托拉的標記，托拉的同業公會製造，而由帕斯羅斯出售的長袍。他又發現了在這顆小星的旁邊，有一個正方形，內套一個圓圈，這正是帕斯羅斯的標記。

當保羅和伊萊斯穆斯凝視老人時，老人捧著這件袍子，輕輕地摩擦他的面頰。赫菲德搖搖頭。這不可能就是那件他給那個嬰兒蓋上的袍子。在他的那些年代裡，在偉大商業通道上，由托拉製造和帕斯羅斯推銷的這類長袍達數以千計之多。

赫菲德仍然抓住這件長袍，用粗啞的低聲說道：

「告訴我，人們所知道的關於這位耶穌誕生的情況。」

保羅說：「他離開這個世界時帶的東西很少。他進入這個世界時帶的東西更少。他是在奧古斯都人口普查的時候，誕生於伯利恆的一個馬槽裡。」

赫菲德對著這兩個人簡直像孩子似的笑了，而他們倆困惑地旁觀著，因為眼淚也流下他的起皺紋的雙頰。

他用手擦去眼淚，問道：

「難怪當時那顆人類曾經所見到的最明亮的星，不是正照耀在這個嬰兒誕生地的上空嗎？」

保羅的口張開了，然而他說不出話來，這也沒有必要了。赫菲德舉起他的雙臂，擁抱著保羅，這時兩個人的眼淚都流到一起了。

最後，老人站起來，向伊萊斯穆斯招手：

「忠實的朋友，請你到塔樓上去，把那個木箱帶下來。終於，我們找到了我們的繼承人。」

《世界最偉大的推銷員》第二部

——自46歲閉門學習到60歲後，赫菲德再度奮起！

在大馬士革的郊區，有一座用閃亮大理石建成的堂皇而宏偉的大廈，它的周圍種植著高大的棡梠樹；在這座大廈裡，住著一位特殊的人物，名叫赫菲德。

現在，他退休了，他那巨型商業企業曾經被認為是沒有邊界的，擴展到許多國家，從伊朗北部的古國帕提亞到羅馬，到布立吞尼亞（羅馬人稱不列顛島），以致他到處被稱為世界最偉大的推銷員。

大馬士革——古城，在現今敘利亞的西南部，是敘利亞首都。在公元前一千年即有居民居住。是西亞商業中心之一，位處於東到伊拉克和伊朗的幹道上。

赫菲德從一個地位很低，專門照料商隊牲口的駱駝童，上升到擁有巨大權力和財富的地位；他在長達二十六年的發展和營利之後退出了商業界。

於是，他的令人鼓舞的故事，便傳遍了文明世界……

在發生大騷亂和動亂的那些年代裡，幾乎文明世界的一切人們，都謙和地傾倒於羅馬皇帝凱撒和他的部隊，就在這時，赫菲德的名譽和榮譽卻把他提高到生動的傳奇地位。大馬士革的赫菲德，特別在這個帝國東部地區巴勒斯坦，被人以歌和詩的文學形式稱譽為——一個人在一生中不顧重重的困難和障礙，所做出最偉大的成就的光輝榜樣。

然而，這位世界最偉大的推銷員，作為一個形成了這麼巨大的財產和積累了數百萬金塔蘭的人，在他的退休生活中卻一點也不愉快。

一天早晨天亮時，赫菲德，像多年來在許多其他的日子裡一樣，首先做了彎腰運動，然後就走出他的大廈後門，小心地踏著露水打濕了的發亮的黑色瓷磚鋪的院子，決意要走過這個寬闊的院子，當金銀交織的陽光，初從東方照射到沙漠上空的時候，遠處只有一隻孤獨的公雞在報曉。

赫菲德在寬闊的院子中央八角形的噴水池附近停下來了，深深地吸進一口氣，點著頭欣賞芬芳美麗的茉莉花，這些花是依附在圍繞著他的庭園的石牆上。他束緊腰間的皮帶，拉拉他柔軟的亞麻上衣，繼續用更慢的步伐走著，直到他走過了一段細柏枝形成的天然拱廊，走到一個高嵩的花崗石做的墳墓前便站住了，這墓沒有任何裝飾。

「我敬愛的麗莎，您早！」他半耳語地說，伸手向前溫柔地愛撫著，由一根長長的灌木伸展出來的玫瑰蓓蕾，這棵灌木衛護著這個地下室沉重的銅門。於是他後退到

附近的一張用桃花心木雕刻的長凳。坐下，注視著地下室，室內安放著那可愛的婦女遺體，那位婦女曾經分享了他的生活、他的奮鬥和他的勝利。

赫菲德感到一隻手壓到他的肩膀上了，甚至還未睜開他的眼睛，他就聽到了他那長期的會計、和忠實的夥伴伊萊斯穆斯的熟悉的嘶啞聲音。

「閣下，對不起……」

「老朋友，早上好！」

伊萊斯穆斯笑了起來，向上指著現在正好處在他們頭上的太陽，說道：「上午已經過去了，閣下。下午好！」

赫菲德哀嘆一聲，搖搖頭。

「另一個年老的危險又在挑戰了。我這個人在夜裡無論如何都睡不著，總是在破曉前就醒了，然後就像小貓一樣睡過一整天。這太不合理了！實在沒有這個道理。」

伊萊斯穆斯點點頭，交叉著雙臂，期待著聽到他再一次論述日益衰老的哀傷。但是，這一次卻不像以往的每個早晨，因為以往赫菲德會突然跳起來，向那座墳墓大步跑去，直到他的手放到墓碑上。

但是這次，他都轉過身，大聲叫道：

「我已經變成了藉口為一個人而悲傷的人！伊萊斯穆斯，請你告訴我：自從我開始過這種自私而孤獨的生活，僅僅專注於為自己感到悲傷以來，已經有多久了？」

伊萊斯穆斯睜大眼睛注視著，然後回答道：「您的巨變是由於麗莎的逝世而開始的，自從您把她安葬之後，就突然決定賣掉您的大百貨商店和商隊。自從您決定過隱居生活以來，十四年的光陰已經逝去了。」

赫菲德的眼睛出現晶瑩的淚花。

「寶貴的盟友和兄弟，你怎能容忍我的苦難行為這麼久的時間？」

這位老會計向下凝視著他的雙手。

「我們在一起將近四十年了，我對您的愛是無條件的。我是在您最成功、最幸福的時候給您服務的；現在，即使我對您似乎決心要過這種雖生猶死的生活感到痛苦，我也同樣願意為您服務。您不能使麗莎死而復生，所以您在試圖和她一起在那個墳墓裡過生活。多年前，您曾囑咐過我弄一棵紅玫瑰來，種在這棵白玫瑰的旁邊，在您死後，就讓您躺在那兒休息，您還記得這些話嗎？」

「記得。」赫菲德答道，「讓我們不要忘了我經常提醒你的話：這座大廈和倉庫在我死後都歸你所有。這僅僅是作為一筆很小的報酬，不足以報答你對我無數年月的忠誠和友誼，以及自從我失去了麗莎以來，你為我所忍受的一切辛酸。」

赫菲德伸出手，突然折斷那朵孤獨的白玫瑰，白蕾的莖，把它拿著，回到長凳。在那兒他很小心地把它放在他的老朋友的膝上。

「伊萊斯穆斯，『自憐』是最可怕的疾病之一，我已經受到『自憐』的痛苦太久了，我由於我的巨大悲痛，竟然愚蠢地讓我自己脫離了全人類，使我成了這座巨大而陰森的房子裡的隱士。夠了！現在是該改變的時候了！」

「但是，老闆，那些歲月並沒有白白浪費了。您曾對大馬士革社會下層貧困的人，做了大筆的慈善捐助……」

赫菲德打斷了他的話——

「錢嗎？那對我算什麼犧牲呢？所有的富人都用給予貧窮者貴重的禮物，來拯救他們的良心。富人能按飢餓者的需要提供這些捐助，而他們確信：世人就會知道他們巨大的慷慨，這種慷慨對他們說來，不過是一筆小錢。不，親愛的朋友，不要稱讚我的慈善。反之，要贊同我不願多作自我享受……」

「然而，」伊萊斯穆斯分辯說：「閣下，您的隱退也完成了一些好事。難道您沒有把您的圖書館裝滿世界偉大人物的著作，並且花了無數的小時去專心致志地研究他們的觀念和原理嗎？」

赫菲德點點頭說：「我已經做了一切努力，利用這些漫長的日日夜夜，使我受到我在青年時所未曾受到的教育；這種努力已開拓了我的眼界，使我看到了充滿奇妙和希望的世界，這使我簡直沒有時間去考慮我對金錢和成功的追求。

「還有，我實在把我的哀傷延續得太久了！這個世界已經給我了人類所希望得到的一切事物，所以現在我該開始做一切我所能做的事，幫助全人類過更美好的生活，以償還我對人類的負債，現在正是這種時候了！我還沒有準備為我自己安排我的最後的休息場所；我曾經囑咐你在我死後，在麗莎所喜愛的這棵白玫瑰旁邊種上一棵紅玫瑰，我想這棵紅玫瑰必須等待了。」

當赫菲德說這些的時候，歡樂的淚花從伊萊斯穆斯刻滿皺紋的面頰上滾滾落下。

「李維（Livy，公元前五十九年～公元後十七年，羅馬歷史學家。）在七十五歲

時還在寫他的羅馬史，台比留（Tiberius Claudius Nero Caesar，公元前四十二年～公元後三十七年，公元十四年～三十七年間為羅馬皇帝）統治羅馬帝國直到將近八十歲。我同他們比較起來，還只是一個孩子……一個健康的六十歲的孩子！我的肺部是無疵，我的肌肉是強健的，我的視力是極佳的，我的心臟是強壯的，我的心理是像它在三十歲時一樣機敏。我相信我已準備好過第二次人生……」

「這是多麼偉大的奇蹟啊！」伊萊斯穆斯仰望著天空叫道：「在我多年來對您的哀傷處境，深感無言的痛苦和悲傷之後，我的祈禱終於得到了回答。閣下，請您告訴我：究竟是什麼東西使得世人如此愛戴和尊敬的人，竟然造成這個令人驚奇的復活局面？」

赫菲德笑了。

〈全書終〉

後記

閱讀完本書後，您如果能好好利用這本書，則您將發揮無限的潛力。

您必須下定決心，有毅力，有勇氣地按本書的計畫去實行，否則您所花在這本書的時間和金錢，將不會得到收獲。

現在，請您拿出一張紙來，坐在書桌前，靜靜地對自己寫下一個備忘錄——

給：［　　　　］（您自己的名字）

- **我現在的職位是——**
- **我目前每月的收入是——**
- **我十個月之後的職位是——**
- **我十個月之後的每月收入是——**

簽上名，把它收藏起來。不要跟任何人提到這個備忘錄，包括您最親密的人都不行，馬上進行吧——何必再浪費每一分鐘呢！

國家圖書館出版品預行編目資料

世界最偉大的推銷員／奧格．曼丁諾著, 何睿平譯；-- 二版
-- 新北市：新潮社文化事業有限公司，2025.01
面；　公分
ISBN　978-986-316-930-7（平裝）
1. CST：銷售　2. CST：銷售員　3. CST：職場成功法

496.5　　113016832

世界最偉大的推銷員
奧格．曼丁諾／著
何睿平／譯

【策　劃】林郁
【制　作】天蠍座文創
【出　版】新潮社文化事業有限公司
電話：(02) 8666-5711
傳真：(02) 8666-5833
E-mail：service@xcsbook.com.tw

【總經銷】創智文化有限公司
新北市土城區忠承路 89 號 6F（永寧科技園區）
電話：(02) 2268-3489
傳真：(02) 2269-6560

印前作業　東豪印刷事業有限公司

二　版　2025 年 03 月